Sewing Pattern Book

Shirt & Blouse

設計自己的襯衫&上衣

基礎版型 × 細節設計的原創風格

野木陽子◎著

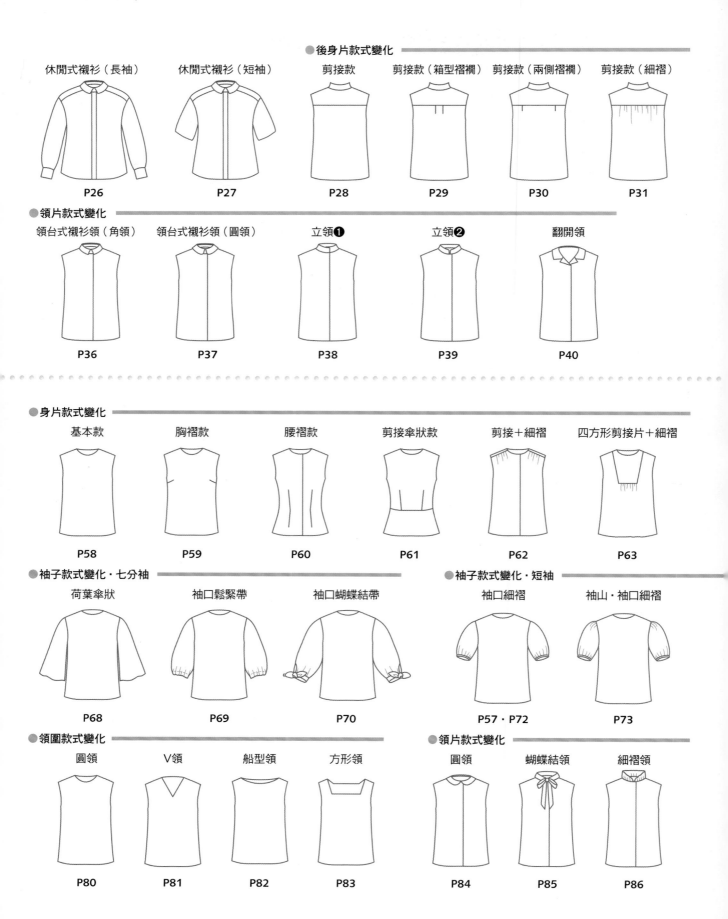

● 後身片款式變化

休閒式襯衫（長袖）　　休閒式襯衫（短袖）　　剪接款　　剪接款（箱型褶襴）　剪接款（兩側褶襴）　剪接款（細褶）
P26　　　　　　　　　　P27　　　　　　　　　　P28　　　　　　P29　　　　　　　　　P30　　　　　　　　　P31

● 領片款式變化

領台式襯衫領（角領）　　領台式襯衫領（圓領）　　立領❶　　　　立領❷　　　　翻開領
P36　　　　　　　　　　P37　　　　　　　　　　P38　　　　　P39　　　　　P40

● 身片款式變化

基本款　　　　胸褶款　　　　腰褶款　　　剪接傘狀款　　剪接＋細褶　　四方形剪接片＋細褶
P58　　　　　　P59　　　　　　P60　　　　　P61　　　　　P62　　　　　　P63

● 袖子款式變化・七分袖

荷葉傘狀　　　　袖口鬆緊帶　　　袖口蝴蝶結帶
P68　　　　　　　P69　　　　　　P70

● 袖子款式變化・短袖

袖口細褶　　　袖山・袖口細褶
P57・P72　　　P73

● 領圍款式變化

圓領　　　V領　　船型領　　方形領
P80　　　P81　　P82　　　P83

● 領片款式變化

圓領　　　蝴蝶結領　　細褶領
P84　　　P85　　　　P86

Contents

picture page／How to make page

Shirt 襯衫／組合表 P21・22

基本款（長袖）　　　　基本款（短袖）

P24　　　　　　　　**P25**

Blouse 上衣／組合表 P54・55

基本款（長袖）　　　　基本款（短袖）

P56　　　　　　　　**P57**

開始測量尺寸

本書準備了7號至15號尺寸表。
請參考各尺寸，確認自己屬於哪個範圍。

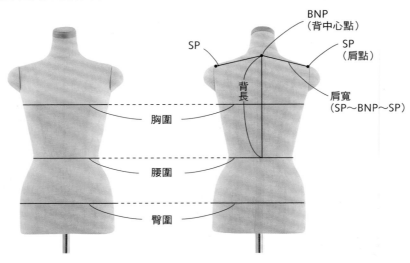

尺寸表

穿著內衣所測量的尺寸 （基本款尺寸）

單位＝cm

尺寸（號）	胸圍	腰圍	臀圍	肩寬	身長	背長
7	80	60	86	38	150 至 156	38
9	84	64	90	39	156 至 162	39
11	88	68	94	40	162 至 168	40
13	93	73	99	41	162 至 168	40
15	98	78	104	42	162 至 168	40

完成尺寸

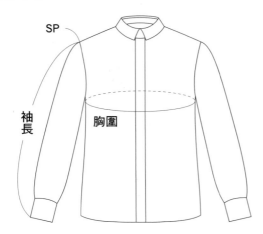

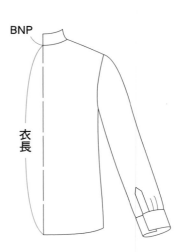

● 前襟款式變化

二摺邊　　　三摺邊　　　比翼式　　　　　　　　　　　　　3種前襟製作方法

P32　　　　　P33　　　　　P35　　　　　　　　　　　　　　　P34

● 袖口款式變化

方形角袖口　　　圓形角袖口　　　翻褶袖口

P42　　　　　　　P43　　　　　　　P44　　　　短冊開叉作法　　　● 口袋
　　　　　　　　　　　　　　　　　　　　　　　　滾邊包捲作法
　　　　　　　　　　　　　　　　　　　　　　　　　　　　P45　　　四角　　　　五角

　　　　　　　　　　　　　　　　　　　　　　　　　　　　　　　　　　　　P46

● 袖子款式變化・長袖

袖口細褶　　　　袖山・袖口細褶　　　燈籠袖　　　　袖山褶襉　　　　袖口傘狀荷葉

P56・P64　　　　　　P64　　　　　　　P65　　　　　　P66　　　　　　　P67

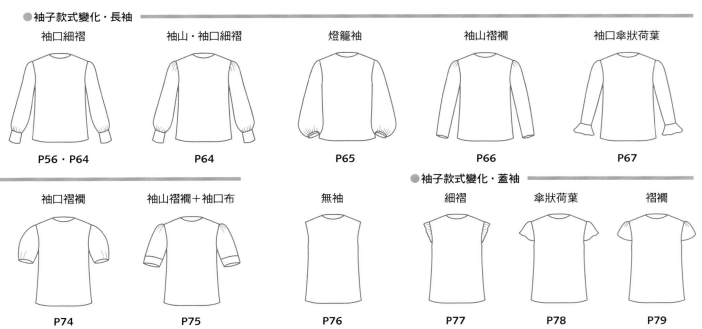

袖口褶襉　　　袖山褶襉＋袖口布　　　　　　　　　　● 袖子款式變化・蓋袖

　　　　　　　　　　　　　　　　　　無袖　　　　細褶　　　　傘狀荷葉　　　褶襉

P74　　　　　　　P75　　　　　　　　　P76　　　　　P77　　　　　P78　　　　　P79

本書使用方法

各個部位
表示身片、袖子、領子種類和名稱。和原寸紙型名稱需一致。

解說
解說各部位特徵和作法重點。

Pattern
利用原寸縮小的紙型，表示各部位使用方法。

- 【 】內的英文字代表原寸紙型刊載面，文字代表部位名稱。
- 灰色覆蓋部分，代表共同使用的原寸紙型，很多描繪線重疊，為便於辨識，請以彩色的筆描繪使用的紙型。若單獨使用的版型則不需上色。
- 基本上內側線代表完成線（紙型標示線），外側線代表縫份線。
- 縫份寬度、黏著襯、布紋線均有標示。根據設計或縫法會產生變化，請加以參考運用。

色塊標示
以顏色區別襯衫種類，並表示部位名稱。

圖片
避免選用不同布料所造成的製作誤差，樣本作品皆採用輕薄平織胚布。分為前面、側面、後面。

one point
說明製作部分、處理方法或者便利的小技巧等。有些頁面未記載。

領片款式變化
立領 ❷
前中心對齊設計的立領設計。
類似P.38的領子，但領圍輕為寬一點。

Front　　　　Side　　　　Back

Pattern
※縫份皆為1cm
※在□□的背面貼上黏著襯

[A] 立領（2）
只有表面描繪圖
後中心　前中心

[A] 襯衫 後身片　　[A] 襯衫 前身片
內襯線

one point 領子的變化
作品的領子
直線
強調曲線調整
傾斜角度愈大 長度也增加
後中心需調整其長度（0~1）

➕ 各種應用方法

根據P.3至5均為等比例的插圖，將身片、袖片、領片各部分依順序描繪至透明紙張上，就可描繪出自己喜歡的款式。再添加釦子或布紋印花圖案，更可以看出製作完成前的具體模樣。現在馬上試試看創作喜歡的設計吧！

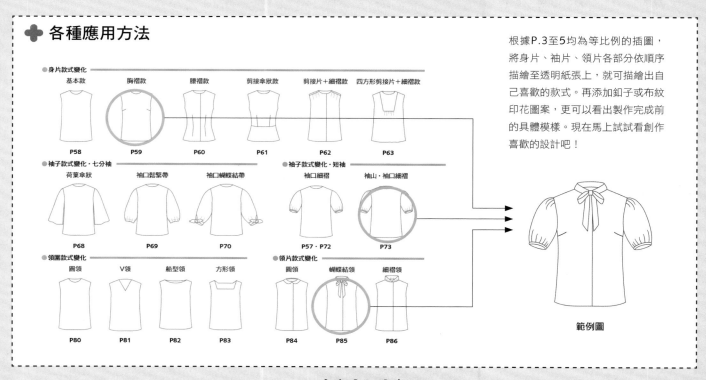

● 身片款式變化

基本款	胸褶款	腰褶款	剪接傘狀款	剪接片＋細褶款	四方形剪接片＋細褶款
P58	P59	P60	P61	P62	P63

● 袖子款式變化・七分袖

荷葉傘狀	袖口鬆緊帶	袖口蝴蝶結帶
P68	P69	P70

● 袖子款式變化・短袖

袖口細褶	袖山・袖口細褶
P57・P72	P73

● 領圍款式變化

圓領	V領	船型領	方形領
P80	P81	P82	P83

● 領片款式變化

圓領	蝴蝶結領	細褶領
P84	P85	P86

範例圖

各部位名稱

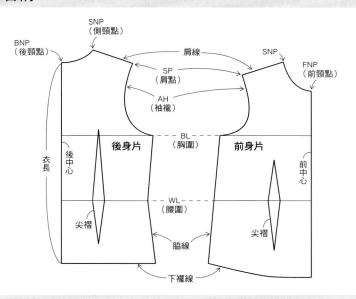

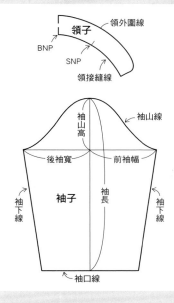

描線種類和記號

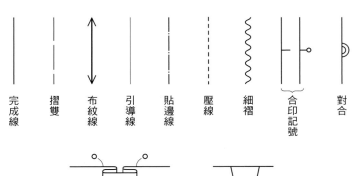

完成線　摺雙　布紋線　引導線　貼邊線　壓線　細褶　合印記號　對合

褶襉

尖褶

完成線
表示車縫線。
摺雙
布料對褶線。
布紋線
與布邊平行線。
引導線
胸圍線或反摺線位置等的輔助線。
貼邊線
製作貼邊位置的線。
壓線
表面壓線位置。
細褶
抽拉細褶的標記。
合印記號
接縫時避免移動錯位的對齊記號。
對合
紙型對齊接合的記號。
褶襉
斜線高側往低側方向摺疊。
尖褶
車縫重疊兩條製作尖褶的線。

紙型描繪方法

1. 從原寸紙型選擇喜歡的款式和尺寸，並以彩色筆標上記號。

2. 描圖紙張重疊紙型，固定避免移動，方格尺從腰線開始描繪。

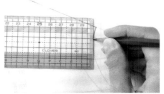

3. 方格尺慢慢移動以描繪曲線弧度。

4. 合印記號、布紋線等均需標記。

關於縫份

縫份的寬度或邊角部分，會隨著製作方法或素材而有所改變。
容易綻布或厚實素材的縫份需預留多些長度，曲線處縫份少一點加以調整。如果不放心，就都預留多點縫份，事後再行修剪。

縫份大約的寬度

下擺、袖口、口袋口等的二摺邊	約2cm前後
下擺、袖口、口袋口等的三摺邊	2至4cm
領邊、領圍等曲線部分	0.7cm
其他（脇邊、袖下、肩、袖襱等）	1cm

縫份畫法

邊角以外的直線、曲線部分，使用方格尺，平行完成線描繪。再描繪邊角縫份。邊角縫份依據車縫方法和縫份倒下方向的不同也會改變。請參考下圖，考慮縫製順序再行描繪。

※基本上先延長車縫線。
※摺疊的邊角部分（袖口或下擺）摺疊側描繪延長線。

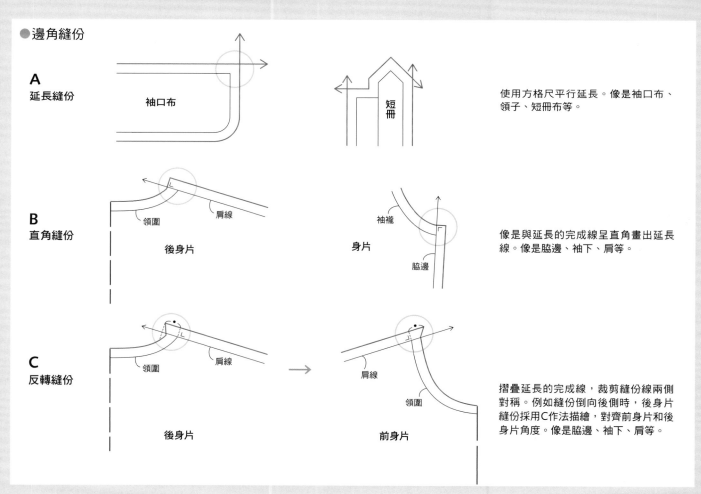

●邊角縫份

A
延長縫份

袖口布

短冊

使用方格尺平行延長。像是袖口布、領子、短冊布等。

B
直角縫份

領圍　　肩線

後身片

袖襱

身片

脇邊

像是與延長的完成線呈直角畫出延長線。像是脇邊、袖下、肩等。

C
反轉縫份

領圍　　肩線

後身片

肩線

領圍

前身片

摺疊延長的完成線，裁剪縫份線兩側對稱。例如縫份倒向後側時，後身片縫份採用C作法描繪，對齊前身片和後身片角度。像是脇邊、袖下、肩等。

● 往上摺疊邊角縫份（以袖口為例）

二摺邊

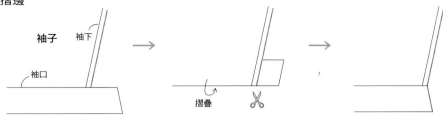 

三摺邊

1. 延長描繪袖口的完成線，邊角預留多一點範圍，再行裁剪。

2. 摺疊完成線，沿袖下縫份線裁剪多餘部分。

3. 縫份完成。

同二摺邊方法，摺疊三摺邊後裁剪多餘部分。

● 尖褶 ※褶襉也相同。

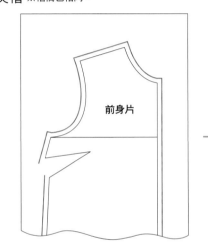 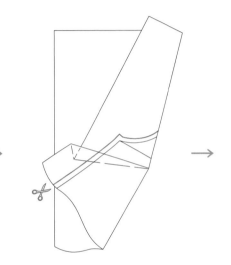 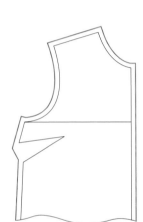

1. 空出尖褶部分描繪縫份線。

2. 摺疊尖褶，裁剪縫份線。
※注意尖褶方向。

3. 縫份完成。

必須直角描繪！

● 摺雙交叉線

※和摺雙線呈直角描繪縫份線。

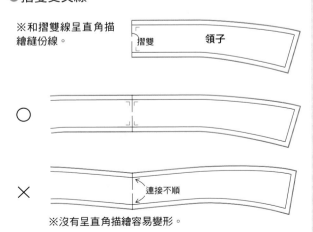

○

×

※沒有呈直角描繪容易變形。

● 合印記號

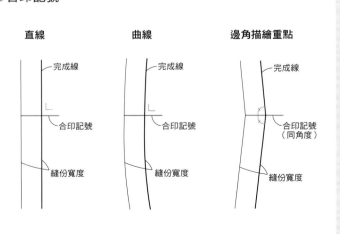

直線	曲線	邊角描繪重點

關於工具

製作紙型、裁剪布料、裁縫等所需要的便利工具。
一開始不用全部備齊，只需要選擇對自己便利的工具，便能輕鬆縫製。

工具提供／★＝Clover株式會社　縫線＝株式會社FUJIX（本書刊載的作品全部使用株式會社FUJIX的縫線）

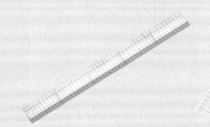

方格尺★
50cm長方格尺，透明方格觀看紙型印字非常便利。測量尺寸時或描繪紙型均可使用。

圓弧尺★
描繪製圖或紙型曲線部分時使用。

描圖紙★
透明輕薄紙張，製圖或描繪紙型時均可使用。

文鎮★
固定紙型避免移動。

消失筆★
布料上描繪記號的專用筆。洗滌後即可掉落非常便利。

布用複寫紙★
描繪記號時使用。有單面和兩面種類，搭配點線器一起使用。

點線器★
搭配布用複寫紙一起使用。主要特徵為圓形頭鋸齒。

布剪★
裁剪布料的剪刀。請勿裁剪布料以外的素材，容易損傷刀刃。

紙剪
除了布料以外的紙型、或鬆緊帶、織帶等使用。

線剪★
裁剪縫線剪刀。細部裁剪時也可使用。

熨斗
熨燙布料、整平皺褶，燙平、製作褶線、燙開縫份等，在縫紉工作中是非常重要的一環。車縫每完成一個階段均仔細熨燙，最後的成品才會完美。

縫紉機
家庭用縫紉機。除了直線車縫,建議選擇具有可處理布端的Z字形車縫、或縫製釦眼裝置的機器。

針插★
車縫時暫時放置珠針或縫針的工具。

珠針★
重疊布料固定時使用。選擇玻璃製珠針,即使熨燙遇熱也不用擔心。

強力夾★
較厚素材或不想損傷布面時,以強力夾暫時固定使用。

錐子★
車縫時推送布料、或整理邊角時使用。

割線器★
拆除縫線、開釦眼時使用。

穿繩器★
夾住鬆緊帶或繩子的工具。

縫針和縫線

選擇適合布料的縫針和縫線,才可以車縫出完美的縫線。
數字越大的縫針越粗,數字越小的縫針越細。
數字越大的縫線越細,數字越小的縫線越粗。
依據素材厚度選擇使用。

選擇縫線顏色

基本上縫線盡量不要搶過布料的顏色,
並以同色調為主,
但如果想強調搶眼壓線,
刻意選擇較深、或較鮮豔縫線也OK。

布料種類	縫針	縫線
薄布料 (棉Lawn・絲等)	9至11號	90號
普通布料 (棉布・亞麻布・尼龍布・薄丹寧布・薄羊毛布)	11至14號	60號
厚布料 (單寧布・羊毛布・粗毛呢布)	14至16號	60至30號

淺色布料
布料上重疊縫線樣本,選擇最相近的顏色。沒有相近顏色時請選擇較明亮色系的縫線較不明顯。

深色布料
布料上重疊縫線樣本,選擇最相近的顏色。沒有相近顏色時,請選擇較暗色系的縫線較不明顯。

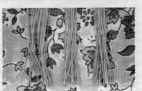

花紋布料
選擇圖案裡最多出現的顏色。和布料顏色相近,縫線才不明顯。

關於布料

決定好款式和設計之後,選擇布料是一件重要的事。了解素材的種類和特徵,才能製作出心目中的款式。

布料名稱

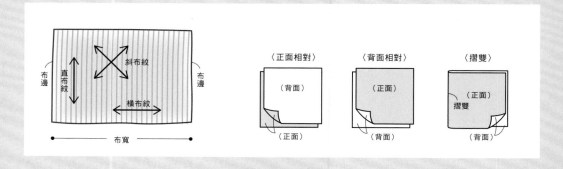

布料的處理

〔浸水〕

遇水收縮的布料,必須在裁剪之前浸水使其收縮。但是像化纖、絹布等浸水有可能會掉色或變質,不可浸水處理。

〔整理布紋〕

調整歪斜的直、橫編織線,整理布紋線。

●棉、麻

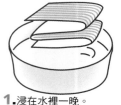

1. 浸在水裡一晚。

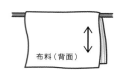

2. 輕輕扭乾,整理布面晾乾。

3. 完全乾燥之前,將布紋呈直角拉伸整理。

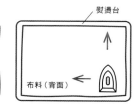

4. 自然乾燥之後順著布紋線方向,從背面熨燙整理。

●化學纖維

不需浸水或整理布紋。如果有皺褶請低溫熨燙整理。

●絲

不需浸水處理,請低溫熨燙整理。

●羊毛

將布料整體噴濕,避免水分蒸發,放進大塑膠袋內放置一晚。布料背面朝上低溫熨燙整理。為避免損傷布料,請輕壓熨燙。

布料的種類 ※布料為10cm見方。

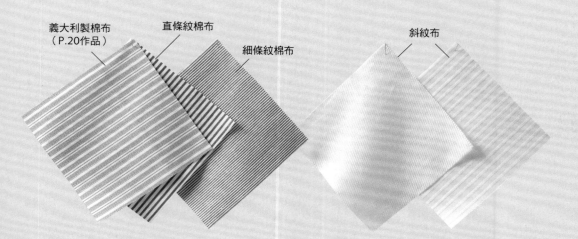

義大利製棉布
(P.20作品)

直條紋棉布

細條紋棉布

斜紋布

輕鬆就可以裁剪、縫製的100%棉布,很適合製作基本的襯衫款式。布目越細觸感越柔和,適合高級正式襯衫。斜紋布右斜條紋是主要特徵。另外像是Broad、Oxford都很合適。

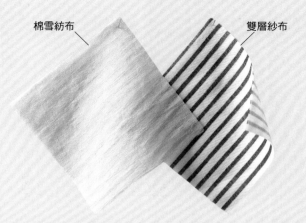

棉雪紡布　　　　　　　　　　　雙層紗布

柔軟、吸汗的材質，常運用在日常服。也適合休閒襯衫或夏天穿的
上衣。

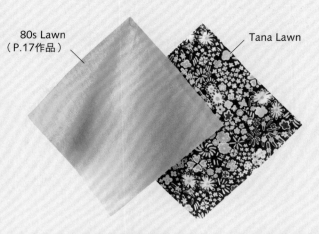

80s Lawn　　　　　　　　　　Tana Lawn
（P.17作品）

稍具透明感的薄平織布適合車縫。有著絲的光澤和滑順感，適合夏
季上衣和襯衫，還有優雅的連身裙。

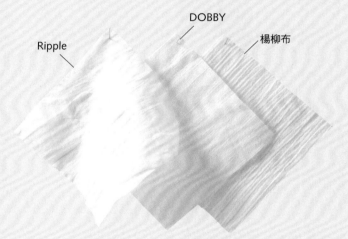

Ripple　　　　DOBBY　　　　楊柳布

棉布100％，凹凸的表面，流汗時不會整個黏貼在肌膚上，清爽的
材質，非常適合夏天款式。作為夏天浴衣也很不錯。

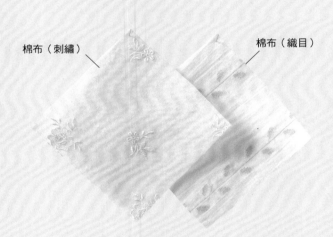

棉布（刺繡）　　　　　　　　棉布（織目）

刺繡設計或織目變化的棉100％平織布。展現華麗女人風味。

Rayon
大印花布　　　　　　　　　棉條紋布

個性化的大印花布，作為設計重點，運用在口袋等部分使用。印花
布的方向或對花時的圖案需一致。

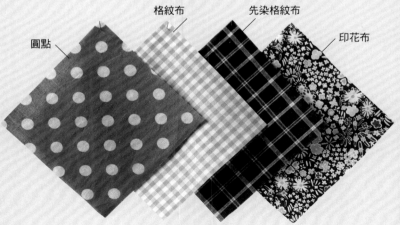

　　　　　　　格紋布　　　先染格紋布
圖點　　　　　　　　　　　　　　印花布

豐富顏色、圖案的棉100％平織布，不論什麼季節都很百搭的襯衫
款式。

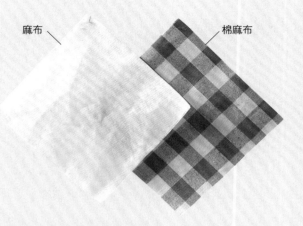

麻布　　　　　　　棉麻布

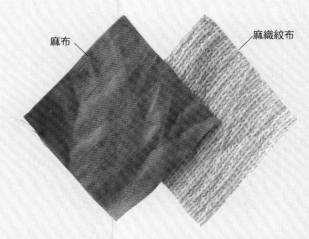

麻布　　　　　　　麻織紋布

以亞麻為原料製成的麻布，有各種不同厚度。張力強且吸水性佳，觸感柔軟但易起皺褶。棉素材混搭較不易起皺褶，方便裁剪和縫製。

斜紋布的布紋易鬆動不易剪裁、縫製。麻布特有的粗獷感很適合襯衫等款式。

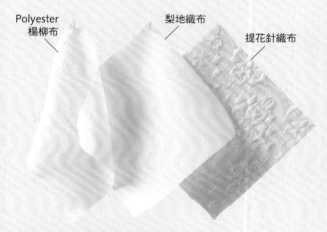

Polyester
楊柳布　　　　　梨地織布　　　　提花針織布

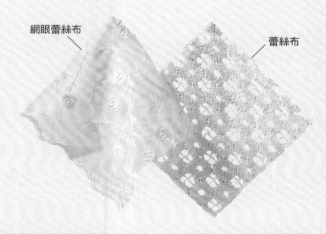

網眼蕾絲布　　　　　　　　蕾絲布

採用服裝常常會使用的化纖素材，慢慢習慣其縫製方法。直布紋有皺褶紋路的楊柳布。布面呈凹凸紋路的梨地織布。特殊織法的提花針織布，由提花機編織而成。

網眼蕾絲布是在網布上刺繡的技法。鏤空蕾絲布使用化學溶劑融化布面製作出圖案的蕾絲布。展現甜美、優雅氛圍。利用下襬波浪製作美麗款式。

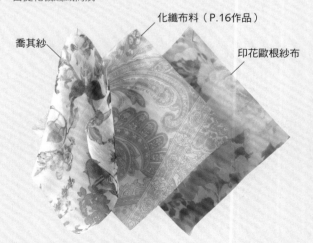

化纖布料（P.16作品）
喬其紗　　　　　　　　印花歐根紗布

雙縐布

3種平織化纖布。從左邊開始，柔軟→張力強、硬。左邊的喬其紗和中央的化纖布料垂墜性高，適合細褶和荷葉邊設計款式。右邊的印花歐根紗布適合簡單或尖褶設計款式。

高雅光澤垂墜感的平織布不易起皺。適合蝴蝶結領襯衫或細褶設計上衣。垂墜高雅的布料展現不同於一般襯衫的質感。

絲質紗典布
（P.19作品）

絲質印花布

印度絲質布

縫製較為習慣之後，可以挑戰絲布。天然纖維當中屬於動物纖維其中一種的布料，具保溫性、吸水排濕力。善用其美麗的垂墜感製作特別的款式。

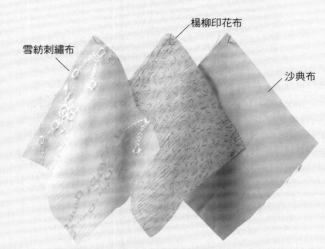

雪紡刺繡布

楊柳印花布

沙典布

柔軟觸感的3種絲布。主要特徵為優雅光澤和舒服的觸感，適合女性化設計款式。

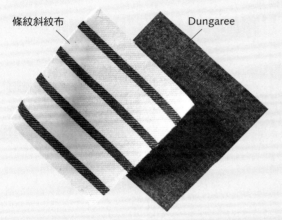

條紋斜紋布

Dungaree

棉100%中厚布料。稍厚布質搭配60至30號縫線一起使用。適合休閒風襯衫。條紋布需注意圖案對花。

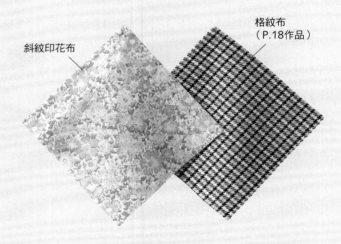

斜紋印花布

格紋布
（P.18作品）

非常適合秋天款式的布料。棉100%斜 布，手感舒適不易起縐褶。化纖和縲縈混紡，堅固且輕盈，並有著像羊毛般的觸感。

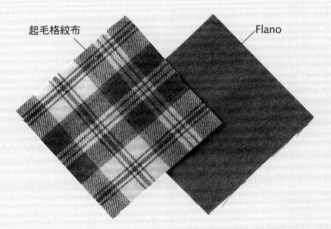

起毛格紋布

Flano

處理方便、好車縫的薄羊毛布。起毛素材最適合冬天款式。Flano又稱作法蘭絨，是起毛織物的一種。

粗毛呢布

天鵝絨

秋冬單品。粗羊毛線編織而成的厚粗毛呢布。天鵝絨屬於環狀織的一種光澤布。比法蘭絨稍厚一些，比較適合外罩衫式或無細褶設計款式。

實際使用布料製作款式

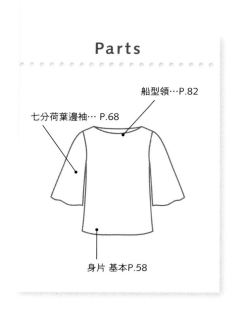

Parts

船型領…P.82

七分荷葉邊袖… P.68

身片 基本P.58

Back

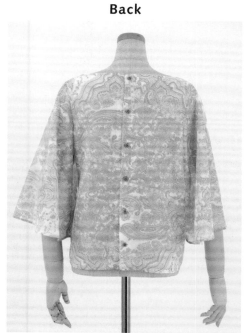

Sample 1

荷葉邊袖的船型領上衣

基本款身片搭配七分荷葉邊袖,船型領讓頸肩更顯清
爽。輕盈化纖素材或薄棉布突顯袖子垂墜感。也可以
改成長版款式。

How to make   P.90

Parts

長燈籠袖…P.65

圓領…P.80

身片 基本…P.58

Sample 2

燈籠袖的圓領上衣

棉Lawn和化纖等薄且輕盈的素材，或張力較強的
布，都很適合製作燈籠袖袖口。厚重布料製作均等細
褶比較困難，也無法作出蓬鬆的袖口。

How to make　P.92

Back

圓領…P.84

長袖 褶襉袖山…P.66

身片 胸前尖褶…P.59

Side

Sample 3

以別布製作圓領襯衫

基本款身片和胸前尖褶設計,搭配窄版袖子。中厚化
纖和棉質素材製作的外套式襯衫,別布設計的領子和
釦子襯托整體,更顯時尚。

How to make　P.94

素材提供/清原株式會社(格紋布:TAF-03 BK)

Parts

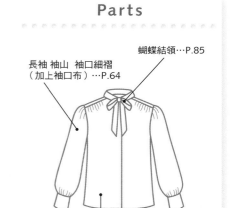

蝴蝶結領…P.85

長袖 袖山 袖口細褶
（加上袖口布）…P.64

身片 剪接＋細褶…P62

Cuffs

Back

Sample 4

蝴蝶結領絲質沙典襯衫

採用絲質沙典布，製作細褶設計的身片和袖子款式很
高雅。長版袖口布搭配多顆包釦設計。適合不易起縐
褶的化纖素材。

How to make　P.96

Parts

比翼前襟…P.35

領台設計襯衫領
（角）…P.36

方形角袖口
（袖口：短冊開叉、褶襉）…P.42

身片　剪接片
（箱型褶襉）…P.29

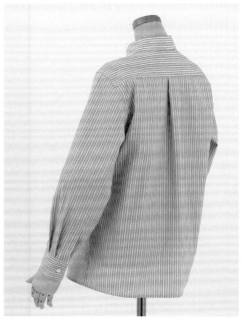

Side

Sample 5

比翼式門襟基本款式襯衫

基本款的剪接襯衫搭配上特別的比翼式門襟。除了人
氣的白色素面布，細條紋布或格紋布也很合適。正式
的襯衫造型，不論是上班或私人場合都很百搭。

How to make　P.98

Sewing Pattern Book

Shirt

襯衫

原本是男性穿著的襯衫，
為了避免西裝和外套弄髒而衍生出來的款式。
硬挺的棉素材最有人氣，
一般只要是前襟開、附有領子和袖口款式均可稱作襯衫。

自由選擇喜愛的領子和袖口設計，
再搭配基本的身片和袖子版型。
請先詳細閱覽各部位作法，
製作出屬於自己的一款襯衫。

襯衫／組合表

襯衫身片和袖子為共用款式，款式沒有變化。自由選擇領子、前襟和袖口設計。
除了一小部分，均可自由搭配變換。為方便理解，請參考各插圖標示。

	剪接前身片 看得見肩下剪接線。	●後身片 剪接款 P.28	剪接款（箱型褶襉） P.29	剪接款（兩側褶襉） P.30	剪接款（細褶） P.31	●口袋 四角 P.46	五角
領台式襯衫領（角領） P.36		○	○	○	○		
領台式襯衫領（圓領） P.37		○	○	○	○		
立領❶ P.38		○	○	○	○		
立領❷ P.39		○	○	○	○		
翻開領 P.40		○	○	○	○		

●長袖

袖子共通，袖口褶襉（細褶）等的袖口款式變化。從前片看起來均為長袖上衣。

●短袖

袖子共通，從前片看起來均為短袖上衣。

※前襟款式變化

	方形角袖口	圓形角袖口	翻褶袖口		二摺邊	三摺邊	比翼式	三種作法
	P.42	P.43	P.44		P.32	P.33	P.35	P.34
基本款（長袖） P.24 / 基本款（短袖） P.25	○	○	○		○	○	○	○
	○	○	○		○	○	○	○
	○	○	○		○	○	○	○
	○	○	○		○	○	×	△
	○	○	△		×	×	×	×

※比翼前襟縫份較多層，領子包夾時縫製較困難。

※依據前襟不同製作方法，可作不同變化。

※針對優雅的袖口，不適合搭配翻開領。

※前端一部分身片連接著領子、前襟，因避免縫線、或接縫線影響領子，最好選擇貼邊處理。

基本款（長袖）

基本身片搭配領台式襯衫領，袖口褶襉的基本款式襯衫。
合身剪裁設計更修飾身形。

Front	Side	Back

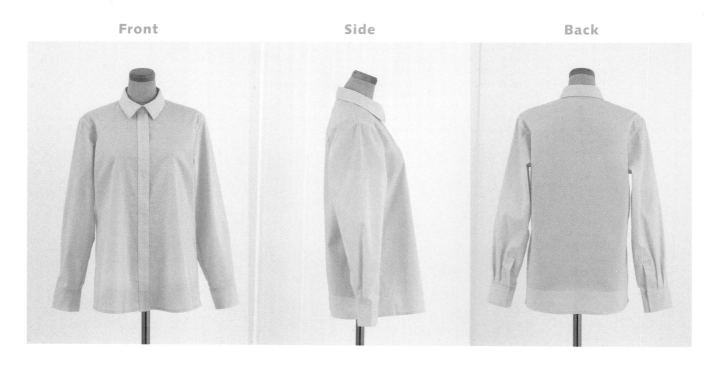

Pattern

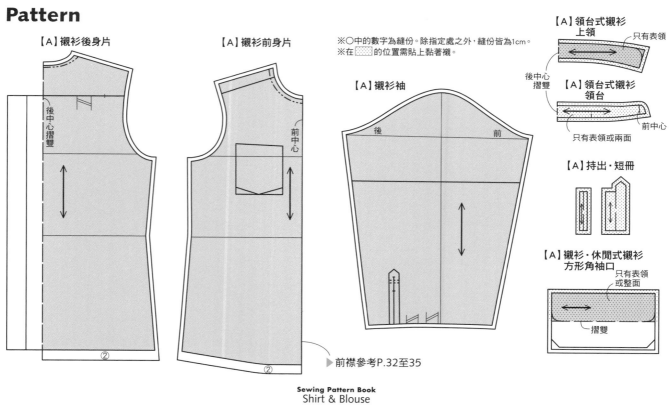

【A】襯衫後身片

後中心摺雙

【A】襯衫前身片

前中心

※○中的數字為縫份。除指定處之外，縫份皆為1cm。
※在▨▨的位置需貼上黏著襯。

【A】襯衫袖

後　　　前

▶前襟參考P.32至35

【A】領台式襯衫
上領

只有表領

後中心
摺雙

【A】領台式襯衫
領台

前中心
只有表領或兩面

【A】持出・短冊

【A】襯衫・休閒式襯衫
方形角袖口

只有表領
或整面

摺雙

基本款（短袖）

基本款短袖襯衫。除了袖子外，基本上和長袖襯衫一樣。

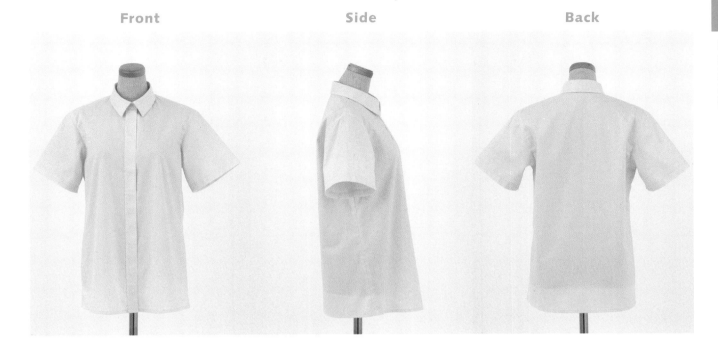

| Front | Side | Back |

Pattern

※○中的數字為縫份。除指定處之外，縫份皆為1cm。
※除了袖子外和長袖襯衫共通。

【A】襯衫袖

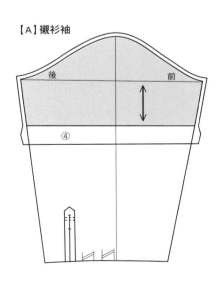

後　前

④

one point　下襬圓弧設計款式

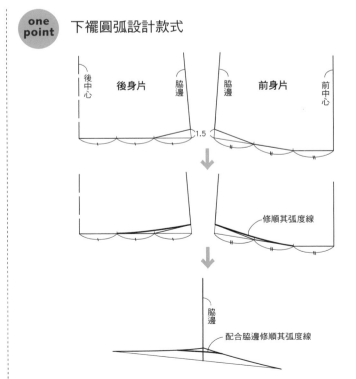

後中心　後身片　脇邊　脇邊　前身片　前中心

1.5

修順其弧度線

脇邊

配合脇邊修順其弧度線

休閒式襯衫（長袖）

比起基本款襯衫，較為寬鬆的休閒式長袖襯衫。
背面剪接設計，適合休閒風穿搭。

Front	Side	Back

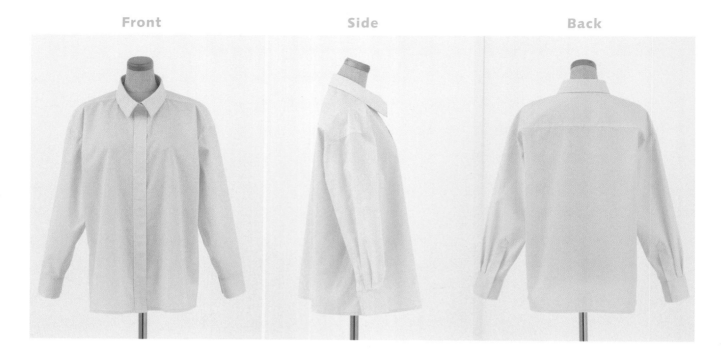

Pattern

▶ ▶ ▶ P.27繼續

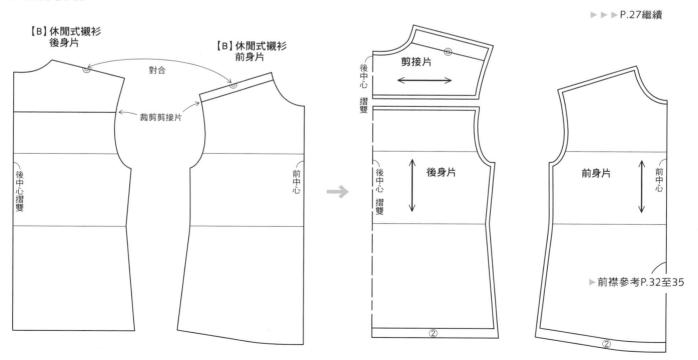

【B】休閒式襯衫
後身片

【B】休閒式襯衫
前身片

對合

裁剪剪接片

後中心摺雙

前中心

剪接片

後中心摺雙

後身片

前身片

前中心

▶ 前襟參考P.32至35

②

②

休閒式襯衫（短袖）

休閒式短袖襯衫。除了袖子之外，基本設計均和休閒式長袖襯衫一樣。

休閒式襯衫

Front	Side	Back

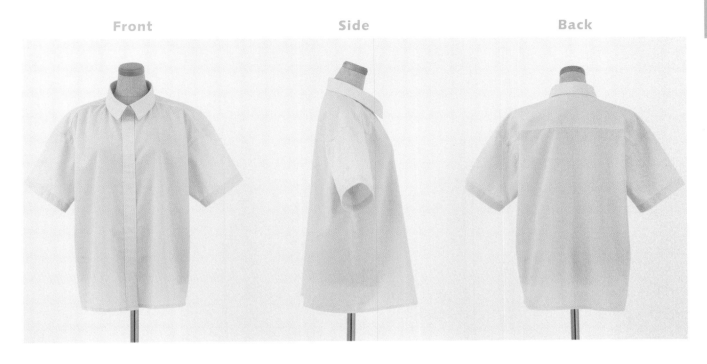

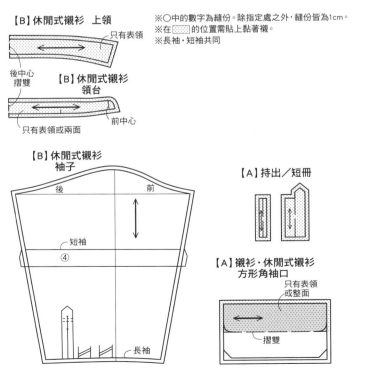

【B】休閒式襯衫　上領
只有表領

後中心
摺雙

【B】休閒式襯衫
領台
只有表領或兩面　前中心

※○中的數字為縫份。除指定處之外，縫份皆為1cm。
※在▨的位置需貼上黏著襯。
※長袖‧短袖共同

【B】休閒式襯衫
袖子
後　前
短袖
④
長袖

【A】持出／短冊

【A】襯衫‧休閒式襯衫
方形角袖口
只有表領
或整面
摺雙

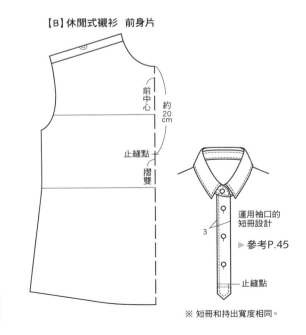

one point　加在襯衫的
前身片

【B】休閒式襯衫　前身片
前中心
約20cm
止縫點
摺雙

運用袖口的
短冊設計
3
▶ 參考P.45
止縫點

※ 短冊和持出寬度相同。

剪接款

P.24基本身片搭配剪接設計的襯衫。剪接片可以衍生出各種豐富的款式。

Front　　　　　　　　　Back

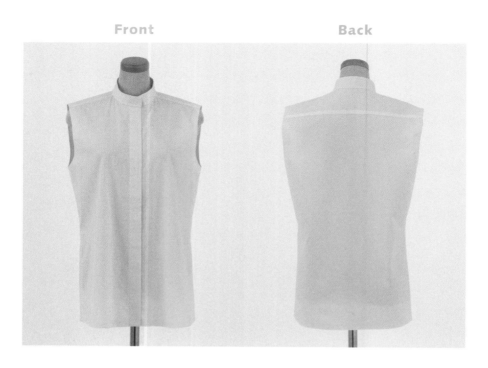

Pattern

※○中的數字為縫份。除指定處之外，縫份皆為1cm。

【A】襯衫 後身片　　　　【A】襯衫 前身片

對合

裁剪剪接片

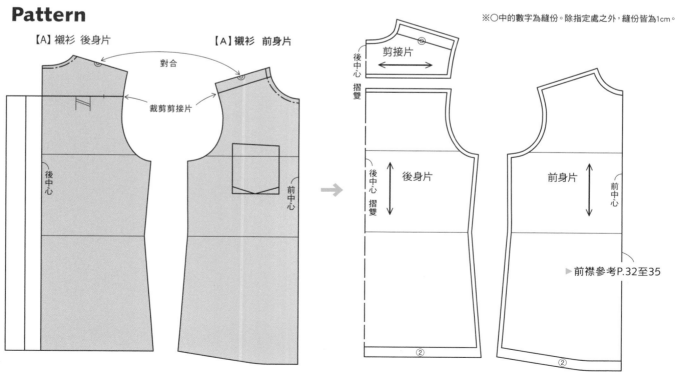

後中心　摺雙

剪接片

後中心　摺雙　後身片

後中心

前中心

前身片

前中心

②　　　　　　②

▶ 前襟參考P.32至35

剪接款（箱型褶襇）

善用P.28後身片，添加箱型褶襇設計。

Back

Pattern

※〇中的數字為縫份。除指定處之外，縫份皆為1cm。
※前身片和剪接片P.28共同。

【A】襯衫　後身片

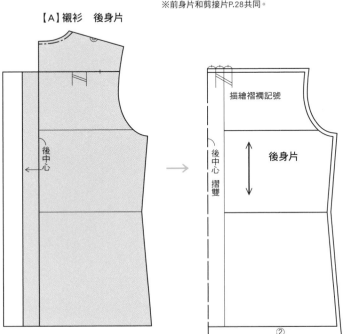

後中心

描繪褶襇記號

後中心
摺雙

後身片

②

one point 褶襇摺疊方法

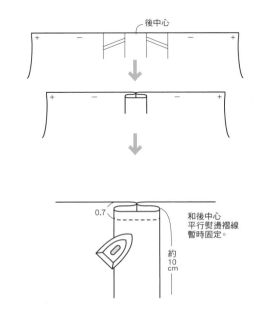

後中心

0.7

和後中心
平行熨燙褶線
暫時固定。

約
10
cm

剪接款（兩側褶襴）

善用P.28後身片，添加兩側褶襴設計。

Back

Pattern

※○中的數字為縫份。除指定處之外，縫份皆為1cm。
※前身片和剪接片P.28共通。

【A】襯衫　後身片

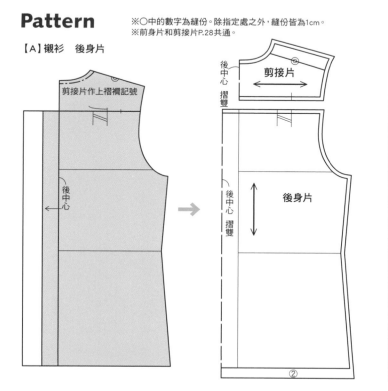

剪接片作上褶襴記號

剪接片

後中心 摺雙

後中心

後中心 摺雙

後身片

②

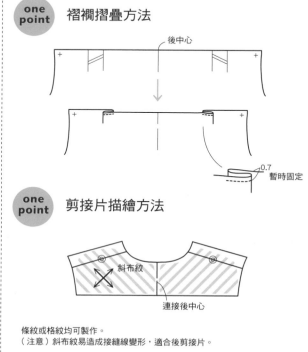

one point 褶襴摺疊方法

後中心

0.7
暫時固定

one point 剪接片描繪方法

斜布紋

連接後中心

條紋或格紋均可製作。
（注意）斜布紋易造成接縫線變形，適合後剪接片。

後身片款式變化

剪接款（細褶）

善用P.28後身片，添加細褶設計。

Back

Pattern

※○中的數字為縫份。除指定處之外，縫份皆為1cm。
※前身片和P.28共通。

【A】襯衫　後身片

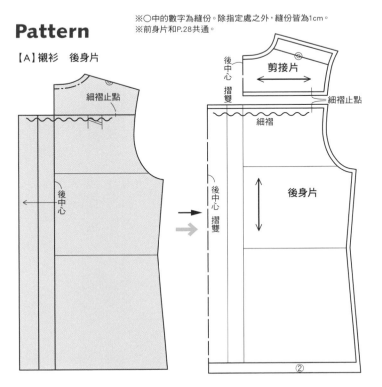

細褶處理方法

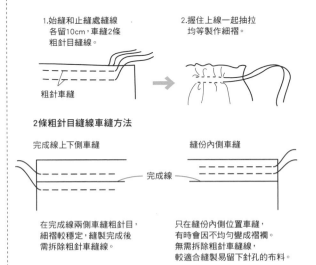

1.始縫和止縫處縫線
各留10cm，車縫2條
粗針目縫線。

粗針車縫

2.握住上線一起抽拉
均等製作細褶。

2條粗針目縫線車縫方法

完成線上下側車縫

縫份內側車縫

完成線

在完成線兩側車縫粗針目，
細褶較穩定，縫製完成後
需拆除粗針車縫線。

只在縫份內側位置車縫，
有時會因不均勻變成褶襉。
無需拆除粗針車縫線，
較適合縫製易留下針孔的布料。

二摺邊

前襟貼邊設計。二摺邊款式可以減少重疊的厚度。
部分貼邊貼上黏著襯補強。

Front

Pattern

※○中的數字為縫份。除指定處之外，縫份皆為1cm。
※在▨▨的位置需貼上黏著襯。
※右前·左前身片共通。

【A】襯衫　前身片

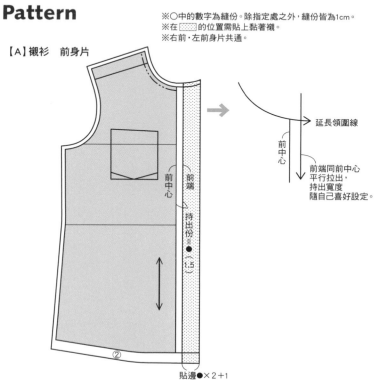

延長領圍線

前中心

前端同前中心
平行拉出，
持出寬度
隨自己喜好設定。

前中心

前端

持出份●（1.5）

貼邊●×2＋1

one point 車縫方法

Z字形車縫

前中心　前端

貼邊背面
貼上黏著襯。

壓線固定

※不壓線也可以

前襟款式變化
三摺邊

完全三摺邊的立領襯衫。統一的厚度使得車縫更便利，適合初學者的一款。
也適用於不希望縫份外露的款式。

Front

Pattern

※○中的數字為縫份。除指定處之外，縫份皆為1cm。
※右前・左前身片共通

【A】襯衫　前身片

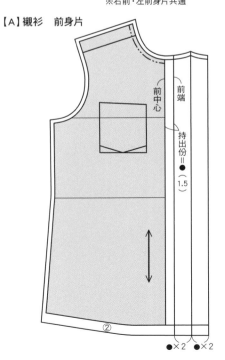

one point 車縫方法

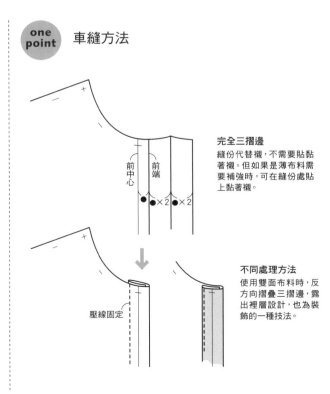

完全三摺邊
縫份代替襯，不需要貼黏著襯。但如果是薄布料需要補強時，可在縫份處貼上黏著襯。

不同處理方法
使用雙面布料時，反方向摺疊三摺邊，露出裡層設計，也為裝飾的一種技法。

三種前襟製作方法

外表看起來一樣，但作法步驟各不相同。

Front

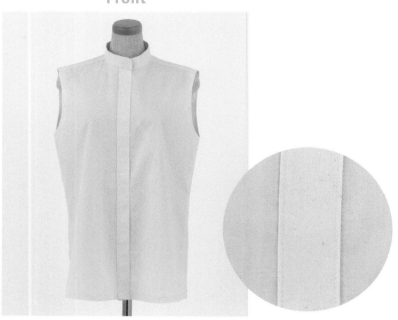

Pattern

※○中的數字為縫份。除指定處之外，縫份皆為1cm。
※在 的位置需貼上黏著襯。

【A】襯衫　前身片

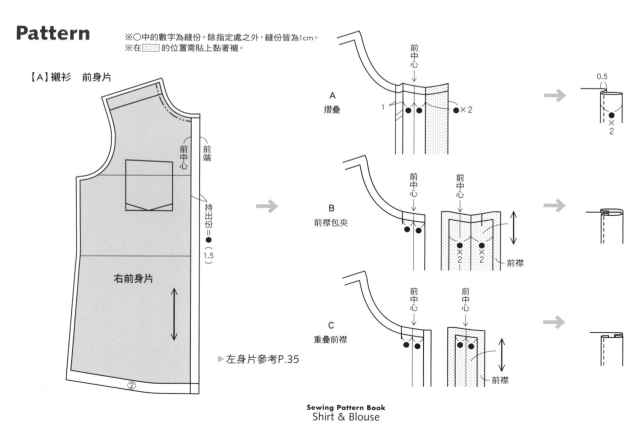

前中心　前端

持出份＝●（1.5）

右前身片

▶左身片參考P.35

②

A
摺疊

前中心

1　●●　●×2

0.5

×2

B
前襟包夾

前中心

前中心

×2　×2　前襟

C
重疊前襟

前中心

前中心

前襟

前襟款式變化

比翼式

前襟上前片兩層摺疊設計,搭配內釦的比翼式襯衫。
採用較薄布料時,釦子可能會被看到,請多加注意。

Front

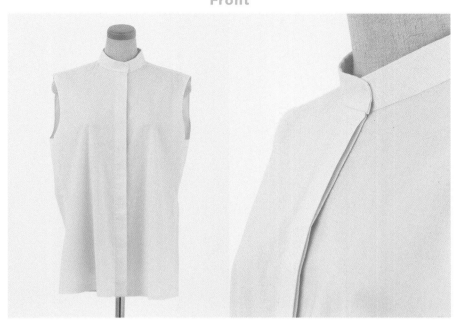

Pattern

※○中的數字為縫份。除指定處之外,縫份皆為1cm。
※在▒▒▒的位置需貼上黏著襯。

【A】襯衫　前身片

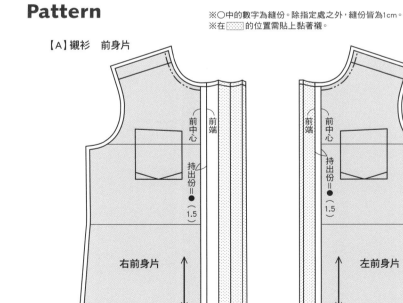
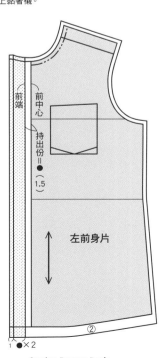

one point　車縫方法

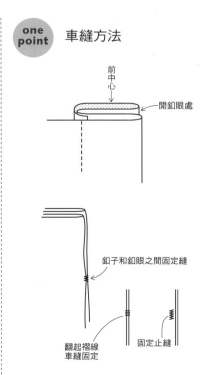

領台式襯衫領（角領）

基本款式，領台式襯衫領
由領台和上領2種紙型構成。想要硬挺的領子需使用黏著襯補強。

Front	Side	Back

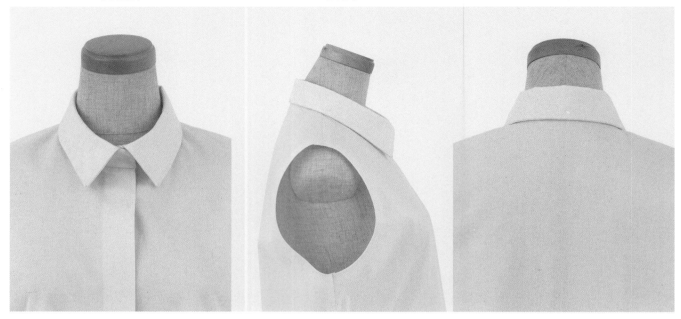

Pattern

※縫份皆為1cm。
※在 ▨ 的位置需貼上黏著襯。

【A】領台式襯衫領　上領

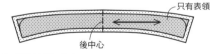

只有表領

後中心

【A】領台式襯衫領　領台

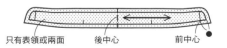

只有表領或兩面　　後中心　　前中心

【A】襯衫　後身片　　　　**【A】襯衫　前身片**

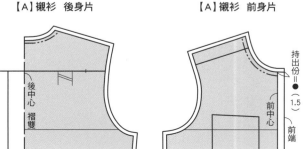

後中心　褶雙　　前中心　前端

持出份＝
●
1.5

---

one point　製作完美領型的重點
（領台和上領共通）

1.描繪完成線
貼上黏著襯描繪完成線，仔細車縫。

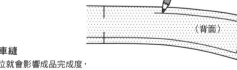

（背面）

2.細針目車縫
稍有移位就會影響成品完成度，
比起其他部分的車縫針目更細。
尤其是曲線部分更須小心縫製。

3.邊角點不車縫
邊角點如果有車縫線，翻至正面時領子尖端會變圓弧狀，
遇邊角時跳一針後直接改變針的角度繼續車縫。

縫針

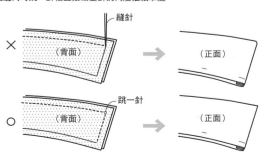

× （背面） → （正面）

○ （背面） 跳一針 → （正面）

領台式襯衫領（圓領）

和P.36領子相同，添加圓領變化。曲線圓領給人柔和印象。

Front	Side	Back

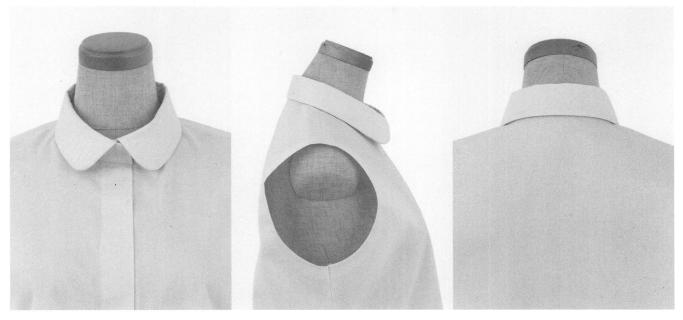

Pattern

※縫份皆為1cm。
※在 ▨ 的位置需貼上黏著襯。
※前身片・後身片・領台P.36共通。

【A】領台式襯衫領　上領

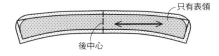

只有表領

後中心

one point 上領變化

添加圓領設計、布紋變化
給人完全不同的感覺。
另外身片採印花布、領片
以素面布製作也很不錯◎

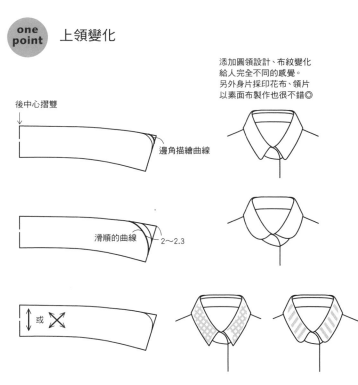

後中心摺雙

邊角描繪曲線

滑順的曲線　2～2.3

或

立領

加長領先端長度，重疊前中心的立領款式。
製作稍傾斜的長方形構圖紙型。

Front	Side	Back

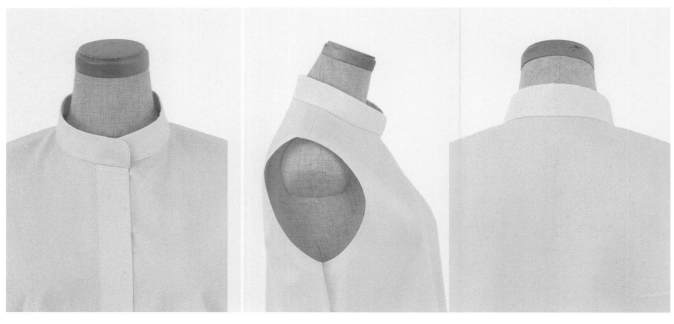

Pattern

※縫份皆為1cm。
※在 ▨ 的位置需貼上黏著襯。

【A】立領（1）

只有表領或兩面　　後中心　　前中心

【A】襯衫 後身片　　　　【A】襯衫 前身片

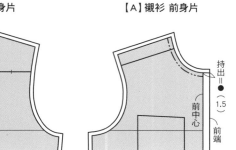

後中心摺雙

前中心摺雙

持出＝（●）1.5　前端

one point 領型調整
覺得領子有點高…

整體降低高度

後中心摺雙　　整體裁剪0.3至0.5cm

只有領先端降低高度

先端裁剪

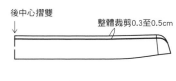

領片款式變化
立領❷

前中心對齊設計的立領設計。
類似P.38的領子，但領圍較為寬一點。

Front	Side	Back

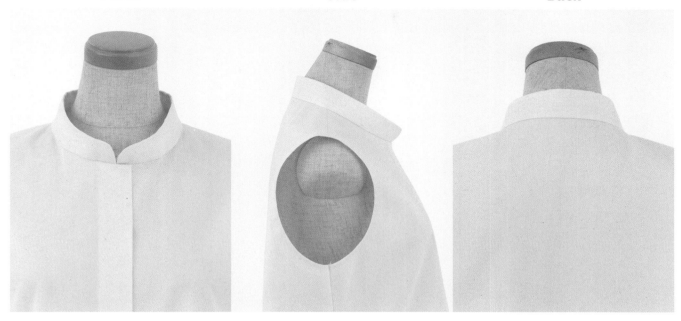

Pattern

※縫份皆為1cm。
※在▨▨▨的背面貼上黏著襯。

【A】立領（2）

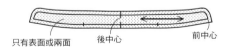

只有表面或兩面　　　後中心　　　前中心

【A】襯衫　後身片　　　【A】襯衫　前身片

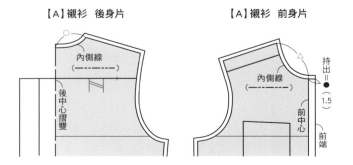

內側線
（◦—◦—◦—）
後中心摺雙

內側線
（◦—◦—◦—）
持出（◦）1.5
前中心
前端

---

one point　領子的變化

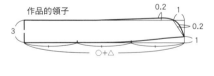

作品的領子　　0.2　1
3　　　　　　0.2
　　　○+△　　1

直線　　　　0.5　　　　立起 ↑
3
○+△

強調曲線調整　　0.5　2.5　　沿著領圍
3　　　　　　　3
○+△
○+△

傾斜角度大，長度也增加，
後中心需調節其長度（○+△）。

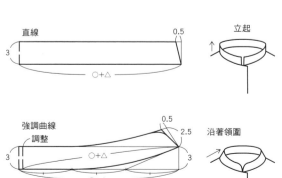

翻開領

露出頸圍的領子,又稱翻開領。
無需繫領帶的襯衫,其中代表的款式就是夏威夷襯衫。

Front	Side	Back

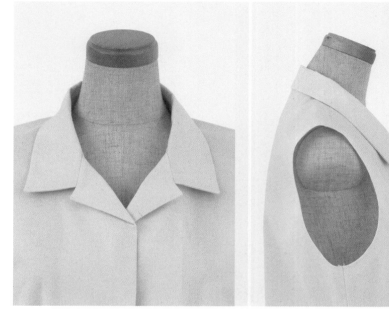
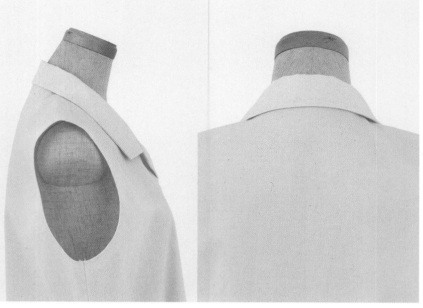

Pattern

※○中的數字為縫份。除指定處之外,縫份皆為1cm。
※在▨▨的位置需貼上黏著襯。

【A】翻開領

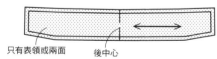

只有表領或兩面 　　後中心

one
point　**決定反摺線**

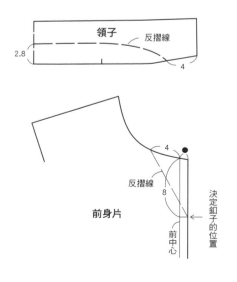

領子　　反摺線
2.8　　　　　4

反摺線
4
8
前身片
決定釦子的位置
前中心
決定釦子的位置

【A】襯衫 後身片

內側線
(———)
後中心摺雙

【A】襯衫 前身片

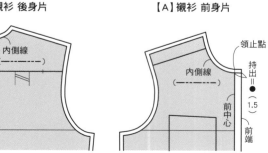

領止點
持出=
●)
(1.5)
前中心
前端
內側線
(———)

▶▶▶ 接續P.41

製作貼邊

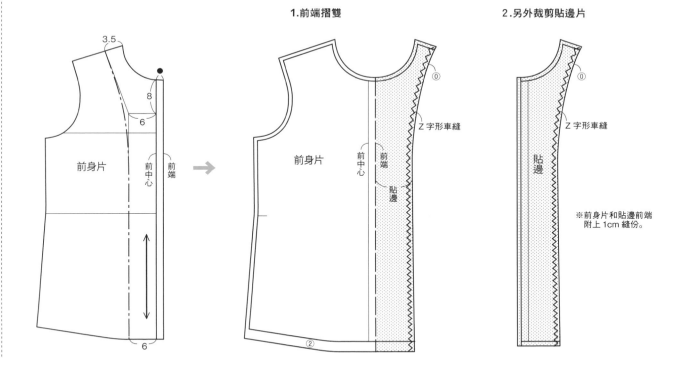

1.前端摺雙

2.另外裁剪貼邊片

3.5

8

6

前身片

前中心

前端

6

前身片

前中心

前端

貼邊

Ⓞ

Z字形車縫

②

貼邊

Ⓞ

Z字形車縫

※前身片和貼邊前端
附上1cm縫份。

休閒式襯衫搭配翻開領設計

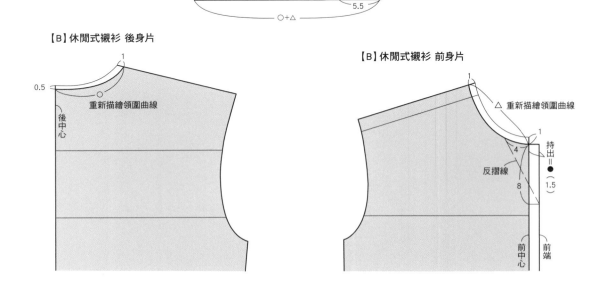

領片製圖

6.5

反摺線

自然連接

4

1

5.5

○+△

【B】休閒式襯衫 後身片

1

0.5

重新描繪領圍曲線

後中心

○

【B】休閒式襯衫 前身片

1

△ 重新描繪領圍曲線

4

反摺線

8

持出＝
●
(1.5)

1

前端

前中心

方形角袖口（袖口：短冊開叉・褶襉）

最基本的袖口款式。
袖子2條褶襉，製作短冊開叉設計。

Pattern

※縫份皆為1cm。
※在 ▨ 的位置需貼上黏著襯。

【A】襯衫 袖子

後　　前

▶ 短冊開叉作法參考P.45

【A】持出・短冊

【A】襯衫・休閒式襯衫
方形角袖口

只有表領
或兩面

摺雙

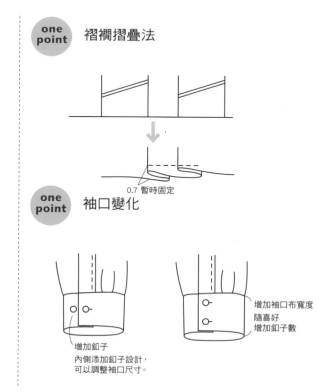

one point　褶襉摺疊法

0.7 暫時固定

one point　袖口變化

增加釦子
內側添加釦子設計，
可以調整袖口尺寸。

增加袖口布寬度
隨喜好
增加釦子數

圓形角袖口（袖口：斜紋布滾邊・細褶）

參考P.42加以變化。原本褶襉改為細褶圓形角袖口，
短冊開叉採斜紋布滾邊處理。

Pattern

※縫份皆為1cm。
※在 ▨▨▨ 的位置需貼上黏著襯。

【A】襯衫 袖子

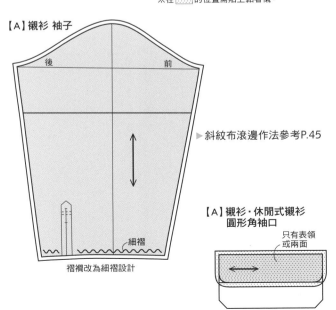

後　　　前

細褶

褶襉改為細褶設計

▶ 斜紋布滾邊作法參考P.45

【A】襯衫・休閒式襯衫
圓形角袖口

只有表領
或兩面

---

one point 變化袖口作法

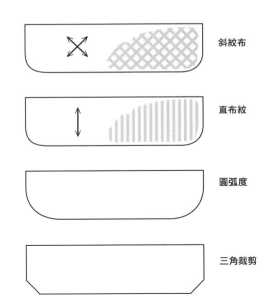

斜紋布

直布紋

圓弧度

三角裁剪

翻褶袖口（袖口：短冊開叉‧褶襉）

翻褶袖口即為反摺之意。
像雙袖口般反摺設計，外側袖沒有釦子。常常使用在較正式優雅的款式。

Pattern

※縫份皆為1cm。
※在▨的位置需貼上黏著襯。

【A】襯衫 袖子

後　　前

▶短冊開叉作法參考P.45

【A】持出‧短冊

【A】襯衫‧休閒式襯衫
翻褶袖口

只有表領
或兩面

←摺雙→

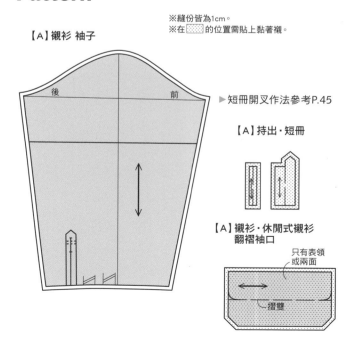

one point 翻褶袖口和雙袖口的差異

翻褶袖口　　也稱義式袖口。
反摺的袖口處沒有釦子設計，
內側釦子固定。

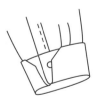
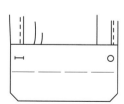

翻褶袖口　　也稱法式袖口。
反摺袖口雙層，
袖口袖釦設計。

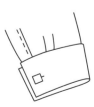
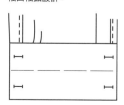

短冊開叉作法

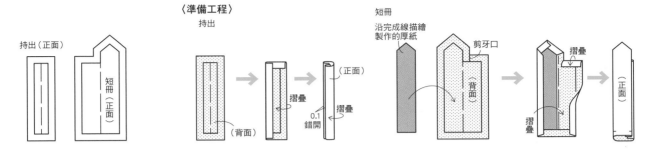

〈準備工程〉

持出（正面）　短冊（正面）　持出　摺疊　0.1 錯開（背面）（正面）摺疊　短冊 沿完成線描繪製作的厚紙　剪牙口（背面）摺疊 摺疊（正面）

〈車縫方法〉

袖子（正面）　止縫點　持出（背面）　短冊（背面）　② 剪牙口至止縫點。　① 車縫。

袖子（正面）　車縫 0.1　摺疊

袖子（正面）　車縫 2.5　0.7　0.1

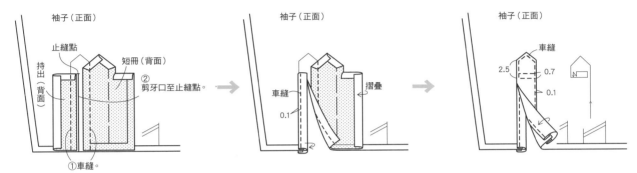

 滾邊包捲作法

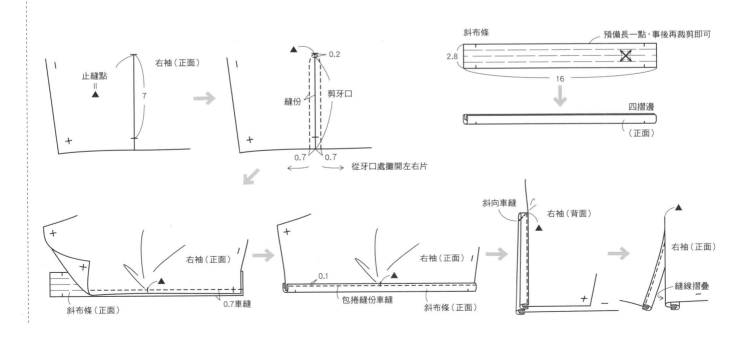

右袖（正面）　止縫點 ▲　7

▲ 0.2　縫份　剪牙口　0.7　0.7　從牙口處攤開左右片

斜布條　預備長一點，事後再裁剪即可　2.8　16　四摺邊（正面）

斜布條（正面）　右袖（正面）　0.7車縫

0.1　包捲縫份車縫　斜布條（正面）　右袖（正面）

斜向車縫　右袖（背面）　右袖（正面）　縫線摺疊

口袋（四角・五角）

口袋除了裝飾之外也具有實用機能，所以並不拘泥任何款式。
可以選擇自己喜歡的設計、或縫製於自己方便的位置等，這是手作才有的客製化福利。

四角

五角

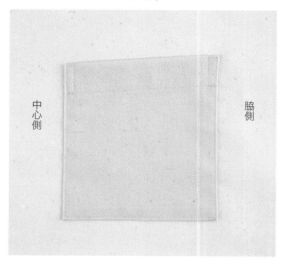

中心側　　脇側　　　　　中心側　　脇側

Pattern

※〇中的數字為縫份。除指定處之外，縫份皆為1cm。

【A】襯衫　前身片

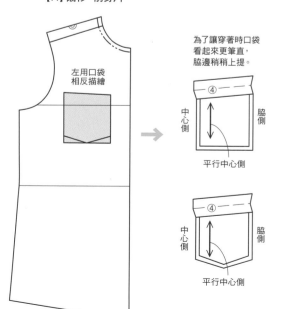

左用口袋
相反描繪

為了讓穿著時口袋
看起來更筆直，
脇邊稍稍上提。

④
中心側　　脇側
平行中心側

④
中心側　　脇側
平行中心側

one point　口袋形狀的變化和車縫方法

口袋形狀

四角　　　　圓角　　　　六角

口袋壓線

四角　　　　　　三角

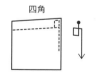 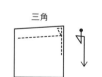

口袋車縫方法

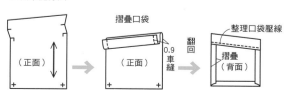

摺疊口袋

整理口袋壓線

（正面）　　　　（正面）　　　0.9
車縫　　翻回　摺疊（背面）

Sewing Pattern Book
Shirt & Blouse
46

補正的方法

本書雖有記載尺寸7至15號，但每個人體型皆有不同。
有些部分需要增加尺寸（部分需要減少），因此簡單介紹一些修正紙型的方法。

長度補正

● 改變長度-1

平行原本下襬線，前後下襬同樣長度加以延長（或縮短）。
變長時需一起延長中心線和脇邊線。

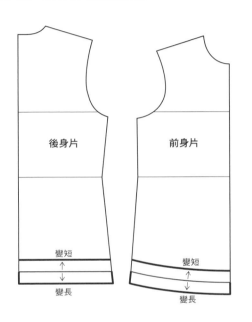

● 改變長度-2

胸圍線和腰圍線中間描繪引導線。
平行引導線展開（或摺疊），脇邊線需重新描順。

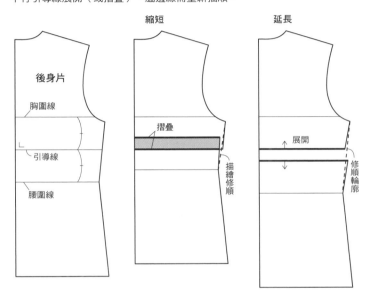

● 改變袖長-1

平行袖口線展開（或摺疊），延長時袖下
線也須延長。如果朝著袖口漸漸變窄的袖
型，請注意袖口的尺寸也須改變。袖口布
尺寸需一起調整。

● 改變袖長-2

袖寬線和袖口線中心描繪引導線。同引導線平行增加（或減少）。
袖下線需重新描順。

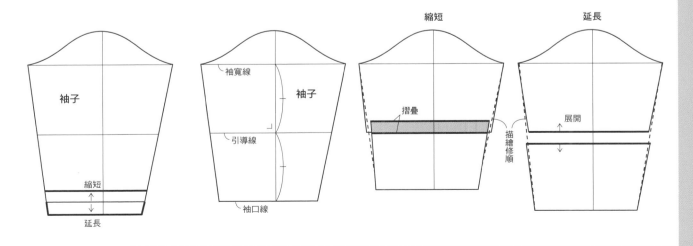

寬度補正

● 脇邊改變寬度

身片：想增加或減少的尺寸1/4（★）平行身片脇邊側遞增（或遞減）。和中心線垂直描繪袖下引導線（或垂直胸圍線），以便平行移動脇線。調整下襬，前後脇線尺寸需一致。整體最多增加4cm（★＝1）

袖子：採用身片脇邊方法時，袖子也同身片修正方法。想增加或減少的尺寸1/4（★）增加袖寬寬度，朝袖口方向重新描繪袖下線。調整袖口前後袖下線尺寸需一致。

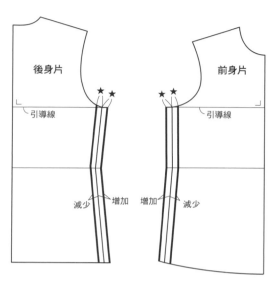

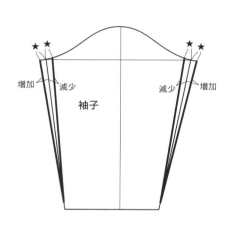

● 展開身片增加寬度

不想改變袖寬度，只變更身寬的作法。身寬和肩寬尺寸同時增加（或減少）。
身寬中心處描繪引導線，同引導線平行增加（或減少）尺寸。重新修順肩線和下襬線。

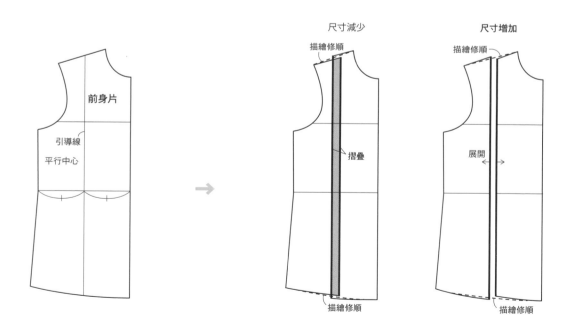

● 改變袖寬

身寬不變動，只改變袖寬的作法。
隨著袖寬尺寸的增加（或減少），袖襱的尺寸也須改變。
另外因為袖口尺寸變化也會影響袖口布尺寸，請多加注意。

袖：前後袖中心各自畫上引導線。同引導線平行增加（或減少），
最後袖山和袖口線重新修順即可。

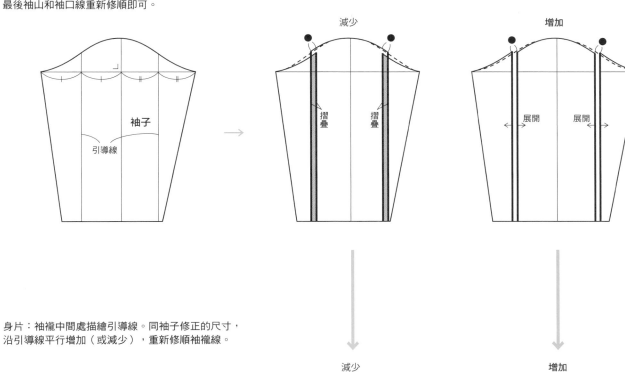

身片：袖襱中間處描繪引導線。同袖子修正的尺寸，
沿引導線平行增加（或減少），重新修順袖襱線。

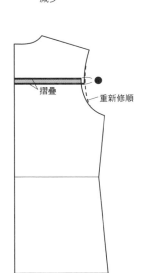
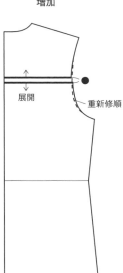

關於釦子和釦眼

機能性的釦子，也可以當作裝飾，作為作品的設計重點。

● 釦子和釦眼的大小

釦子寬度（a）
＋
釦子厚度（b）

● 釦子

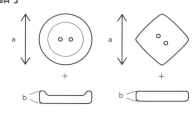

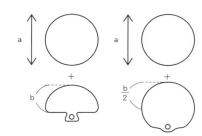

● 釦子和釦眼縫製位置

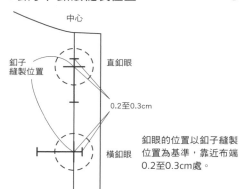

中心

釦子縫製位置

直釦眼

0.2至0.3cm

橫釦眼

釦眼的位置以釦子縫製位置為基準，靠近布端0.2至0.3cm處。

● 釦子位置

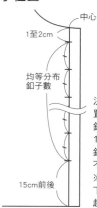

中心

1至2cm

均等分布釦子數

15cm前後

決定好第一顆釦子位置後，均等分布其餘釦子。一般間隔大約10cm左右，但依據釦子大小和設計也會不同。

※以胸圍為基礎線上下均勻配置釦子，穿起來更整齊好看。

● 領台（立領）和身片

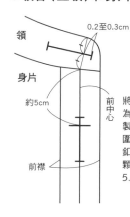

0.2至0.3cm

領

身片

約5cm

前中心

前襟

將領子前中心高度分為兩等份即為釦子縫製位置。釦眼需和領圍線平行。領台也有釦子，所以身片第一顆釦子，從上側距離5.5cm左右。

● 袖口布

袖口布兩等份位置處。

1cm　　　　1cm

0.2至0.3cm

● 釦環

除了製作釦眼，還有釦環和滾邊釦眼等。此次介紹釦環製作方法。如果需要很多條釦環帶，先製作一條長的釦環帶，再行裁剪需要的數量，較為方便。

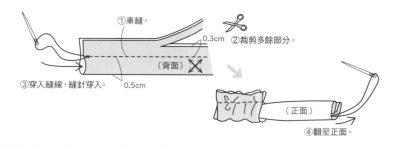

①車縫。

0.3cm　②裁剪多餘部分。

（背面）

③穿入縫線，縫針穿入。　0.5cm

（正面）

④翻至正面。

one point　貼上黏著襯

釦眼貼上黏著襯，加以補強。如果未黏貼，布料會伸縮歪斜，無法製作整齊的釦眼。

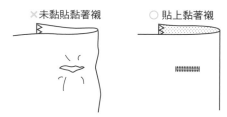

✕未黏貼黏著襯　　○貼上黏著襯

釦眼製作方法

1. 設定機器車縫釦眼，從釦眼邊端開始車縫。

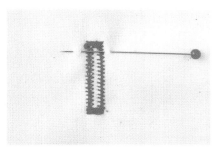

2. 釦眼車縫完成之後，一端插上珠針，避免拆線器切過頭。

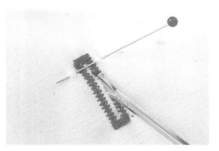

3. 中央處穿入拆線器，注意切割時勿損傷縫線，另一側以相同方法處理。

釦子的縫製方法

● 兩孔釦
※四孔釦方法相同

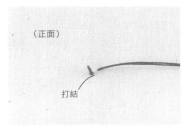

（正面）

打結

1. 布料表面作上釦子縫製記號，先穿刺一針。

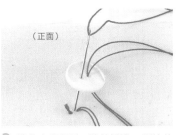

（正面）

2. 縫線穿過釦孔，縫針插進一開始的縫製位置處。

3. 重複同樣步驟2至3次，穿過釦孔。注意縫線不要拉扯太緊。

4. 從釦子和布之間拉出縫針。縫線包捲2至3回，拉緊製作釦腳。

5. 製作線環，通過縫針拉緊。

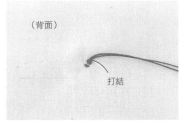

（背面）

打結

6. 縫針從背面插出打結，將打結處拉進布料背面後裁剪縫線。從表面處理也可以。

● 腳釦

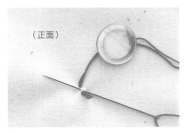

（正面）

1. 布料表面作上釦子縫製記號，先穿刺一針。縫線穿過釦孔，再次穿過布面。

2. 重複同樣步驟2至3次，穿過釦孔。

打結固定

3. 釦腳底部拉出縫針，打結固定後邊緣再穿一針，裁剪縫線。

縫份處理方法

縫份處理方法很多種類。依據素材、作法、設計各有不同。

● 捨邊端車縫
避免裁剪縫份綻，於布邊端車縫。

● Z字形車縫
避免布邊綻布的車縫方法。
※拷克機一邊裁切布端一邊車縫。

沿布端稍內側以Z字形車縫。

one point 薄布或易綻布的布料使用Z字形車縫

布邊捲曲無法順利車縫。

縫份預留多一點。

裁剪多餘部分。

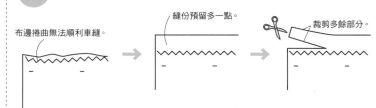

● 二摺邊
布端一次摺疊車縫方法。適用於厚布料下襬和袖口。

（背面）

● 三摺邊
布端兩次摺疊的車縫方法。適用於使用厚布料但不想太厚重時使用。

（背面）

● 完全三摺邊
同樣寬度布邊摺疊2次的車縫方法。適合透明素材或避免縫份太厚重時使用。

（背面）

● 燙開
布料兩片縫合後，燙開縫份倒向兩側。

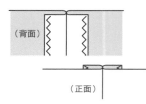

（背面）

（正面）

● 倒向單側
縫合布片後縫份倒向單側。車縫後縫份一起進行Z字形車縫。（或拷克）

（背面）　　（正面）

● 包邊縫
堅固的車縫方法，適合襯衫或兒童服等需要常常洗滌的服裝。

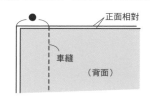

正面相對

車縫

（背面）

●/2－0.1至0.2cm

裁剪　（背面）

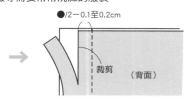

摺疊

（背面）　車縫

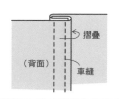

（正面）

● 雙邊分開摺縫
隱藏布邊，縫份不顯厚重的作法。適合易綻布的車縫方法。

正面相對

車縫

（背面）

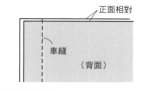

①燙開。
②摺疊。
③車縫。
（背面）

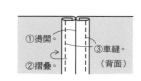

（正面）

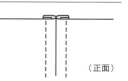

● 袋縫
適用薄布或易綻布的布料車縫方法。製作寬度較細的縫份，不適用於厚度較厚的布料。

約0.3cm外側

完成線

背面相對

車縫　（正面）

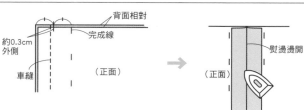

熨燙燙開

（正面）

車縫完成線

（背面）

摺疊

Sewing Pattern Book

Blouse 上衣

時尚造型的百搭女用上衣。
婦女、年輕女孩寬鬆短版上衣、有各種不同設計。
運用棉、麻、絲、化纖等素材，
變化相當豐富。

以基本的身片版型為基礎，
自由選擇領子和袖口設計，
所有領子、領圍均可對照基本的身片版型，
種類豐富且多樣化。

上衣組合表

襯衫依據尖褶、剪接片不同，合身程度也會改變。除了一部分領圍外，身片、領子、袖子均可自由組合。
但請考慮整體比例變化再決定設計款式。直排代表身片，橫排代表領圍、領子、袖子的種類。

基本款+圓形領 P.58+80	●領圍			●領子 ※領子設計必須搭配前開襟或後開襟身片。			●長袖			
	V領 P.81	船型領 P.82	方形領 P.83	圓領 P.84	蝴蝶結帶領 P.85	細褶領 P.86	袖口細褶 P.56·P.64	袖山·袖口細褶 P.64	燈籠袖 P.65	袖山褶襇 P.66
胸褶款 P.59	○	○	○	○	○	○	○	○	○	○
腰褶款 P.60	○	○	○	○	○	○	○	○	○	○
剪接傘狀款 P.61	○	○	○	○	○	△ ※可以搭配組合，但設計上可能不匹配。	○	○	○	○
剪接款+細褶款 P.62	×	×	× ※剪接線和前身片細褶設計無法使用這種身片。	○	○	○	○		○	○
四方形剪接片+細褶款 P.63	△ ※可以搭配組合，但設計上可能不匹配。	× ※剪接線設計無法使用這種身片。	○	○	○	○			○	○

袖口荷葉邊	●七分袖 荷葉邊	鬆緊袖口	袖口布蝴蝶結	●短袖 袖口細褶	袖山·袖口細褶	袖口褶襇	袖山褶襇+袖口布	●蓋袖 細褶	荷葉邊	褶襇
P.67	P.68	P.69	P.70	P.72	P.73	P.74	P.75	P.77	P.78	P.79
○	○	○	○	○	○	○	○	○	○	○
○	○	○	○	○	○	○	○	○	○	○
	○	○	○	○	○		○	○		
○	○		○		○	○	○	○	○	○
○	○	○	○	○	○	○			○	○

上衣基本款（長袖）

基本前身片無尖褶設計的直筒造型。搭配圓領款式。
後身片款式共通，可以運用在各種不同的設計上。

Front	Side	Back

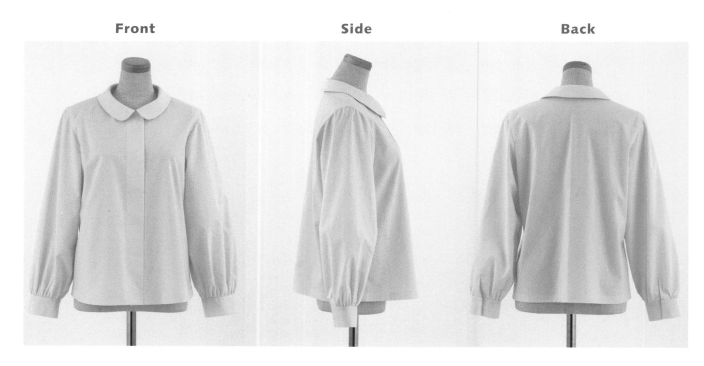

Pattern

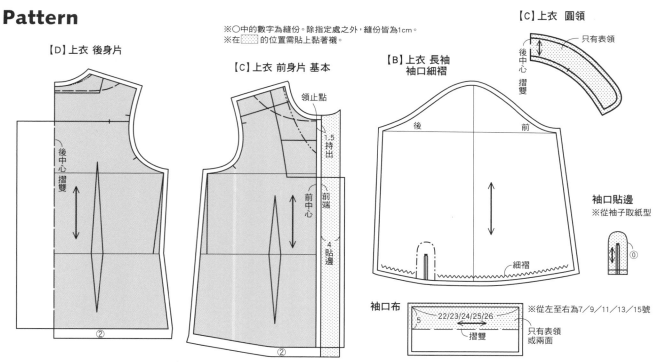

※○中的數字為縫份。除指定處之外，縫份皆為1cm。
※在 ▨ 的位置需貼上黏著襯。

【D】上衣 後身片

後中心 摺雙

②

【C】上衣 前身片 基本

領止點

1.5 持出

前端

前中心

4 貼邊

②

【B】上衣 長袖 袖口細褶

後　前

細褶

【C】上衣 圓領

只有表領

後中心 摺雙

袖口貼邊
※從袖子取紙型

⓪

袖口布

5　22/23/24/25/26

摺雙

※從左至右為7/9/11/13/15號

只有表領 或兩面

上衣基本款（短袖）

襯衫基本款（長袖）的後身片和領子共通，改為短袖，前身片加入胸褶設計。

Front	Side	Back

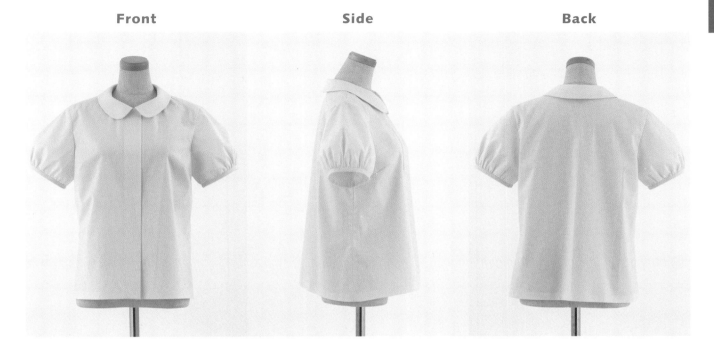

Pattern

※〇中的數字為縫份。除指定處之外，縫份皆為1cm。
※在 ▨ 的位置需貼上黏著襯。
※後身片和圓領和P.58共通。

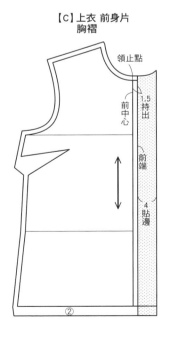

【C】上衣 前身片
胸褶

領止點
1.5 持出
前中心
前端
4 貼邊
②

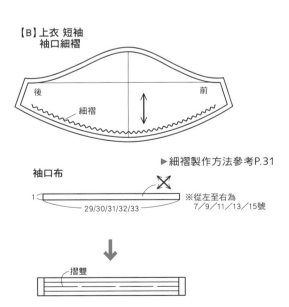

【B】上衣 短袖
袖口細褶

後　　　前
細褶

▶細褶製作方法參考P.31

袖口布

1
29／30／31／32／33　　※從左至右為
7／9／11／13／15號

摺雙

one point　袖口布處理

四摺邊製作褶線
（正面）

（背面）
車縫

對摺接縫袖口
（正面）
燙開（背面）　重疊縫份會太厚重

斜向接縫

基本款

最基本的箱型襯衫。
恰到好處的寬鬆感,可以直接搭配自己喜歡的設計。

Front	Side

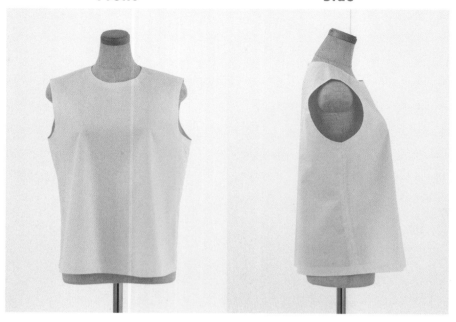

Pattern

※○中的數字為縫份。除指定處之外,縫份皆為1cm。

【D】上衣 後身片

【C】上衣 前身片 基本

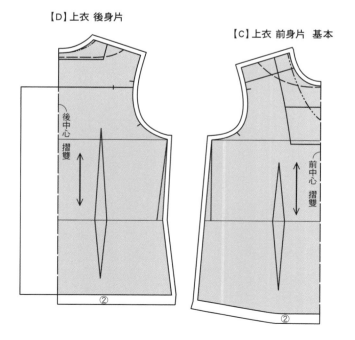

one point 下襬處理

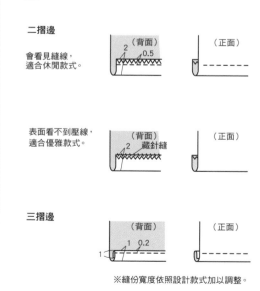

二摺邊

會看見縫線,
適合休閒款式。

（背面）　　（正面）
2　0.5

表面看不到壓線,
適合優雅款式。

（背面）藏針縫　（正面）
2

三摺邊

（背面）　　（正面）
1　0.2
1

※縫份寬度依照設計款式加以調整。

身片款式變化
胸褶款

前身片搭配胸褶設計自然作出胸圍，脇邊側看起來更加纖細修長。

Front   **Side**

Pattern

※○中的數字為縫份。除指定處之外，縫份皆為1cm。
※後身片和P.58共通。

one point 尖褶車縫方法

【C】上衣 前片胸褶

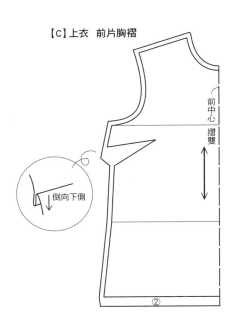

前中心
摺雙
倒向下側

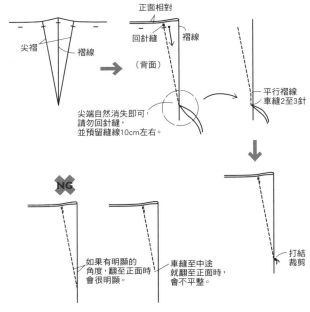

尖褶　褶線
正面相對
回針縫　褶線
（背面）

平行褶線
車縫2至3針

尖端自然消失即可，
請勿回針縫，
並預留縫線10cm左右。

打結
裁剪

NG

如果有明顯的
角度，翻至正面時，
會很明顯。

車縫至中途
就翻至正面時，
會不平整。

▶尖褶倒向方向參考P.60

腰 褶 款

前後腰圍尖褶設計。
合身腰圍剪裁，比起P.58更加窄版的款式。

Front	Side	Back

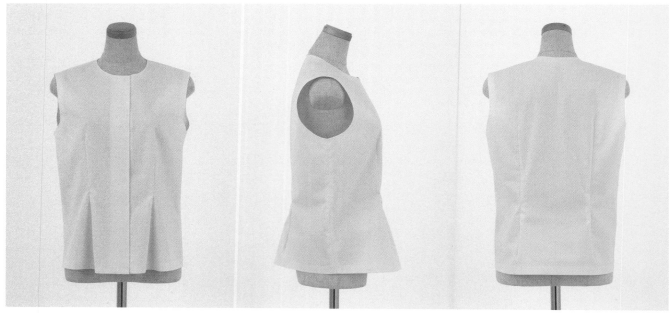

Pattern

※○中的數字為縫份。除指定處之外，縫份皆為1cm。
※在▨的位置需貼上黏著襯。

【D】上衣　後身片

【C】上衣　前身片　基本

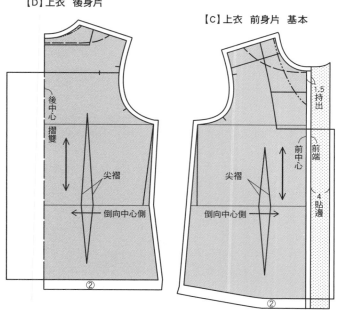

後中心摺雙

尖褶

←倒向中心側

②

尖褶

前中心

倒向中心側→

②

1.5 持出

前端

4 貼邊

one point

尖褶方向

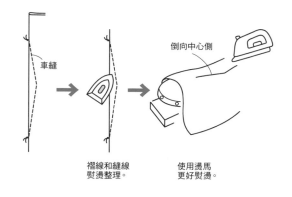

車縫

倒向中心側

褶線和縫線
熨燙整理。

使用燙馬
更好熨燙。

▶尖褶車縫方法參考P.59

身片款式變化
剪接傘狀款

基本款身片搭配剪接設計，可愛的傘狀下襬上衣。
合身剪裁造型，需搭配開叉設計。

Front	Side	Back

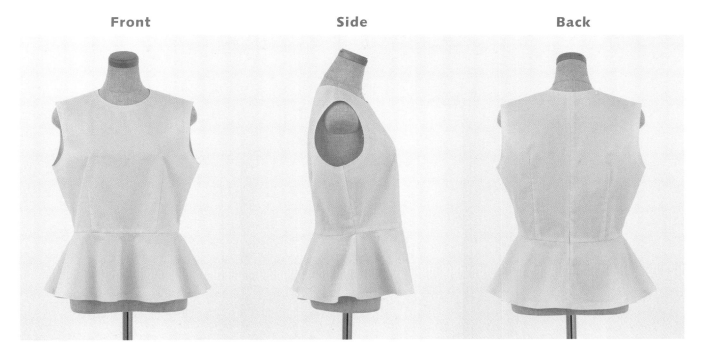

Pattern

※縫份皆為1cm。
※後中心和傘狀下襬縫份寬度相同。

【D】上衣　後身片　　　　【C】上衣　前身片　基本

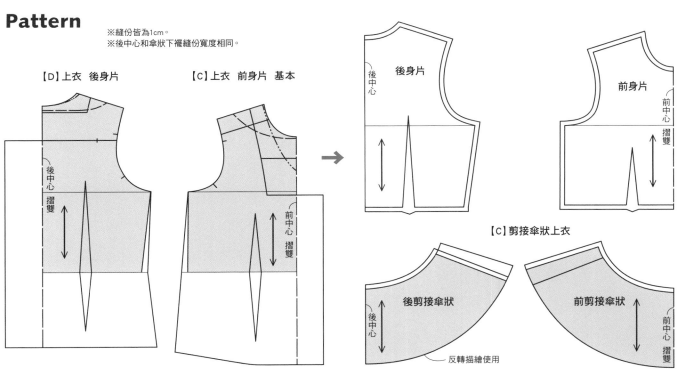

後身片
後中心

前身片
前中心
摺雙

【C】剪接傘狀上衣

後剪接傘狀
後中心
反轉描繪使用

前剪接傘狀
前中心
摺雙

身片款式變化
剪接＋細褶

P.58基本款身片搭配剪接的設計。前後身片均有細褶造型。

Front	Side	Back

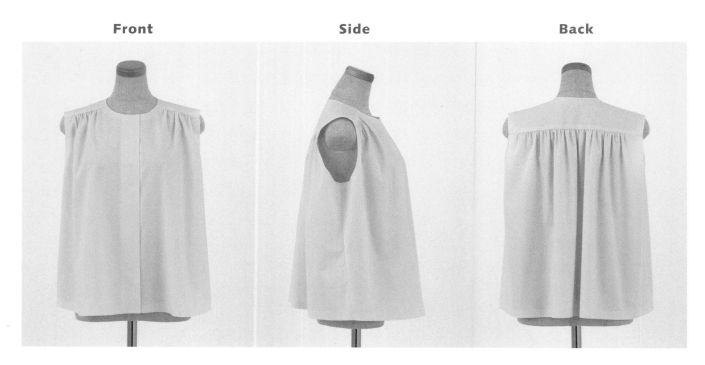

Pattern

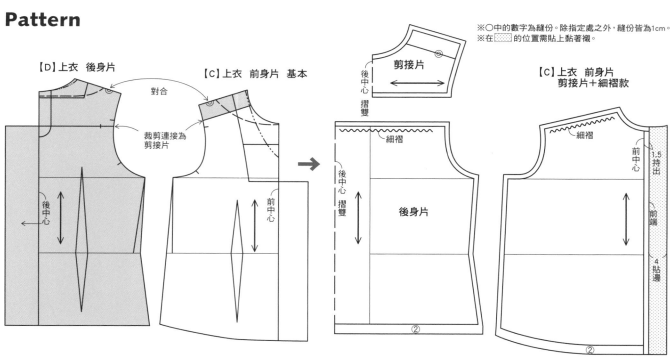

※○中的數字為縫份。除指定處之外，縫份皆為1cm。
※在 ▨ 的位置需貼上黏著襯。

【D】上衣 後身片　　對合　　【C】上衣 前身片 基本

裁剪連接為剪接片

後中心

前中心

剪接片

後中心 摺雙

【C】上衣 前身片 剪接片＋細褶款

細褶

後身片

後中心 摺雙

②

細褶

前中心

1.5 持出

前端

4 貼邊

②

身片款式變化
四方形剪接片＋細褶

P.58前身片變化款。添加剪接設計，身片前中心有細褶設計。

Front	Side

Pattern

※○中的數字為縫份。除指定處之外，縫份皆為1cm。

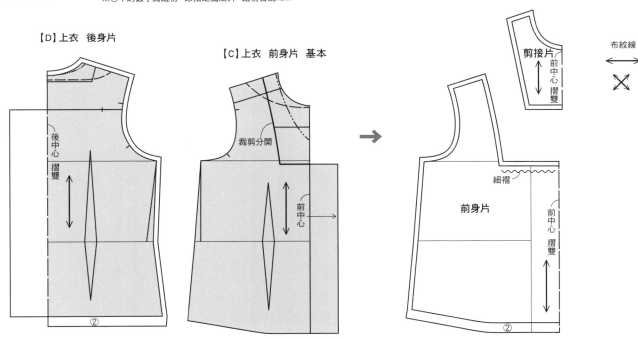

【D】上衣　後身片

後中心　摺雙

②

【C】上衣　前身片　基本

裁剪分開

前中心

②

剪接片

前中心　摺雙

布紋線

細褶

前身片

前中心　摺雙

②

袖口細褶／袖山・袖口細褶

依照左邊P.56基本袖子款式，只有袖口添加細褶設計。
右邊袖山也有細褶設計，所以袖口細褶分量多一點。

Front	Side	Back	Front	Side	Back

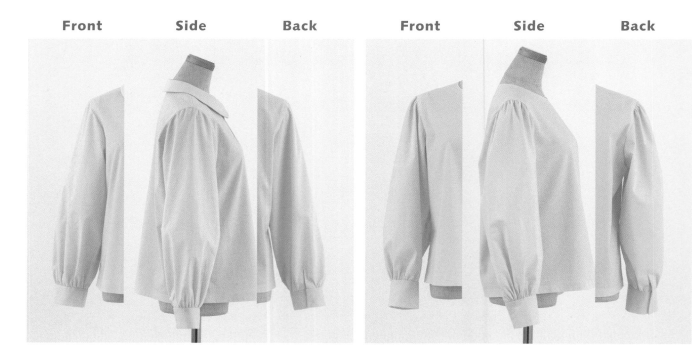

Pattern

※〇中的數字為縫份。除指定處之外，縫份皆為1cm。
※在▨▨▨的位置需貼上黏著襯。
※袖口布、袖口貼邊共通。

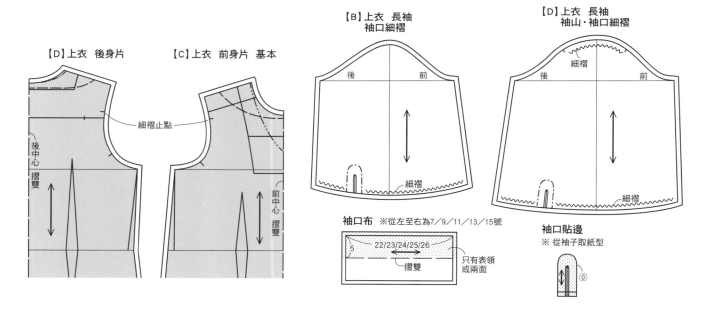

【D】上衣　後身片

【C】上衣　前身片　基本

細褶止點

後中心 摺雙

前中心 摺雙

【B】上衣　長袖
袖口細褶

後　　前

細褶

【D】上衣　長袖
袖山・袖口細褶

細褶

後　　前

細褶

袖口布　※從左至右為7／9／11／13／15號

5　22/23/24/25/26

摺雙

只有表領
或兩面

袖口貼邊
※ 從袖子取紙型

袖子款式變化・長袖
燈籠袖

袖口厚實細褶的燈籠袖。輕薄素材可以製作出均勻的細褶分量。

Front	Side	Back

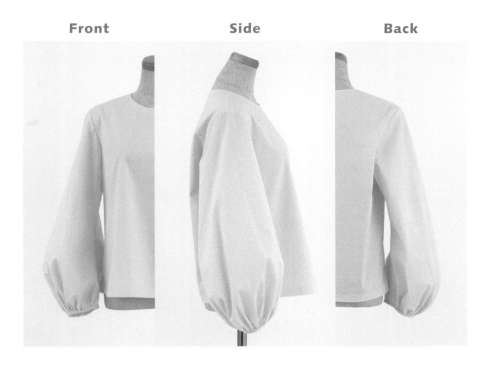

Pattern

【C】上衣　長袖
燈籠袖

※縫份皆為1cm。

後　　前

細褶

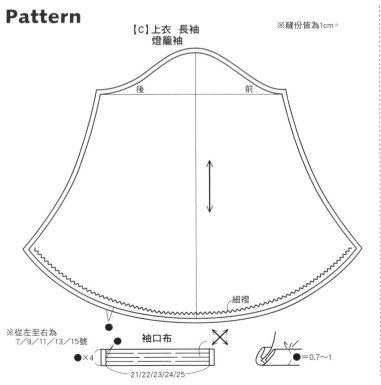

※從左至右為
7／9／11／13／15號

袖口布

●×4

21/22/23/24/25

=0.7～1

one point

袖口製作方法
比起一般燈籠袖製作更多分量的袖口。

袖下　　　　　　　　　　袖下
少一點　　　　少一點
中心細褶多一點

〈從側面看〉

約6cm左右
無細褶
袖下　　　　　　　袖下

蓬鬆

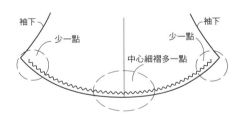

袖山褶襉

袖山褶襉設計的筒狀袖款。
蓬鬆的褶襉給人柔和印象。適合優雅的上衣款式。

Front	Side	Back

Pattern

※○中的數字為縫份。除指定處之外，縫份皆為1cm。

【D】上衣　長袖
袖山褶襉

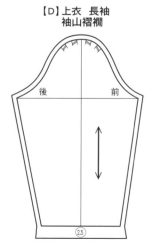

後　　前

(25)

---

one point　褶襉製作方法

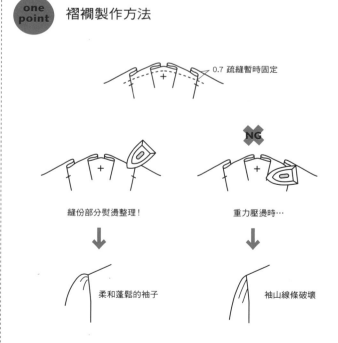

0.7 疏縫暫時固定

縫份部分熨燙整理！　　　重力壓燙時…

柔和蓬鬆的袖子　　　袖山線條破壞

袖子款式變化 · 長袖
袖口傘狀荷葉

筒狀袖款搭配圓弧傘狀荷葉袖口布。
搭配柔軟素材更可以突顯美麗的垂墜感。

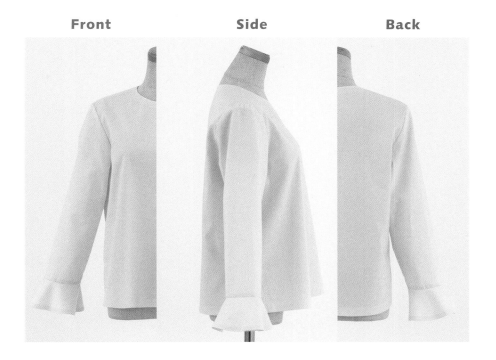

Front　　　**Side**　　　**Back**

Pattern

【D】上衣　長袖　袖口傘狀荷葉（上）　　　※縫份皆為1cm。

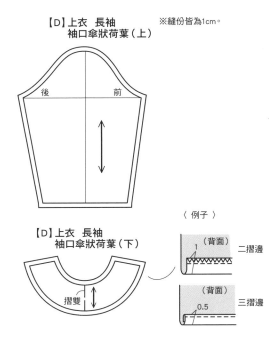

後　前

【D】上衣　長袖　袖口傘狀荷葉（下）

摺雙

〈 例子 〉

（背面）
1
二摺邊

（背面）
0.5
三摺邊

<table>
<tr><td colspan="2">

one
point

</td><td>

傘狀荷葉布紋和印花的處理

</td></tr>
</table>

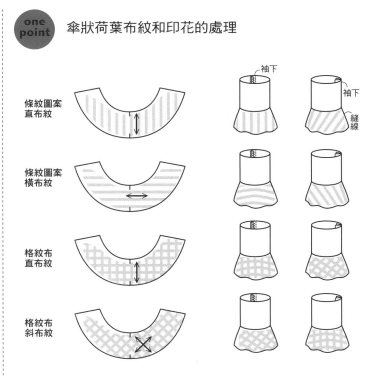

條紋圖案
直布紋

條紋圖案
橫布紋

格紋布
直布紋

格紋布
斜布紋

袖下

袖下

縫線

袖子款式變化・七分袖
荷葉傘狀

袖口展開變成傘狀荷葉袖款式。
想要飄逸的傘狀效果，必須使用具有垂墜感的素材。

Front	Side	Back

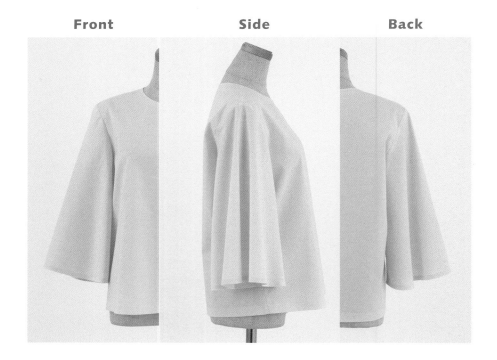

Pattern ※縫份皆為1cm。

【D】上衣　七分袖

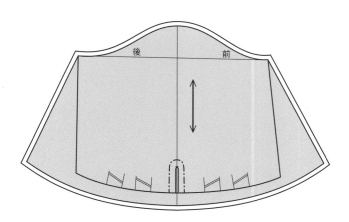

---

one point 袖口縫份製作方法

袖口曲線弧度的關係，
縫份寬度盡量少一點。

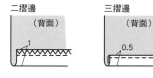

輕薄至普通布料

二摺邊（背面）　三摺邊（背面）

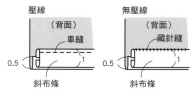

厚布

壓線（背面）　無壓線（背面）
車縫　藏針縫
斜布條　斜布條

沒有縫份的處理方法

不易綻布或布邊不脫線素材可以善用此方法。

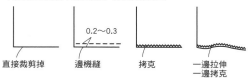

0.2～0.3

直接裁剪掉　邊機縫　拷克　一邊拉伸一邊拷克

袖子款式變化·七分袖
袖口鬆緊帶

同P.63荷葉邊袖紙型，袖口添加鬆緊帶設計。
即使使用同樣紙型，依照不同製作方法，印象也會改變。

Front	Side	Back

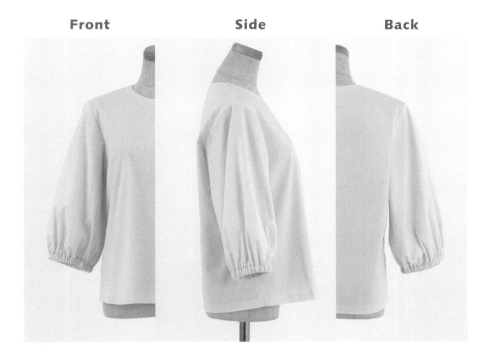

Pattern
※縫份皆為1cm。

【D】上衣　七分袖

鬆緊帶寬度＋0.5（鬆份）＋1（縫份）

one point 袖子製作方法

※使用寬1.5cm鬆緊帶時

袖子（背面）

①Z字形車縫。
②車縫。
空出1.5cm
1

補翻譯　3

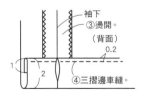

袖下
③燙開。
（背面）
0.2
1
2
④三摺邊車縫。

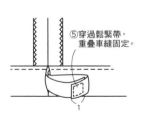

⑤穿過鬆緊帶，
重疊車縫固定。

袖子款式變化 · 七分袖
袖口蝴蝶結帶

和P.68・69袖山相同紙型,袖子整體分量較少。
袖口搭配剪接布,增添蝴蝶結雅致設計。

Front	Side	Back

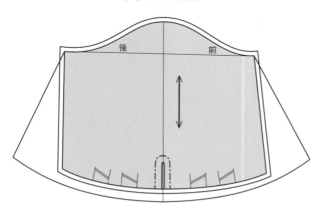

Pattern

※〇中的數字為縫份。除指定處之外,縫份皆為1cm。
※在 ▒ 的位置需貼上黏著襯。

【D】上衣 七分袖

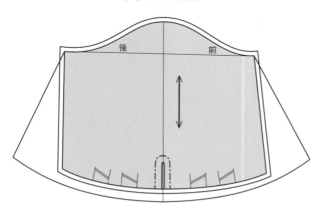

後　前

袖口布 ※從左至右為7/9/11/13/15號

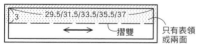

3 　29.5/31.5/33.5/35.5/37
摺雙
只有表領
或兩面

【D】襯衫 七分袖
袖口蝴蝶結帶

上
下

袖口貼邊
※ 從袖子取紙型

---

one point　袖子製作方法

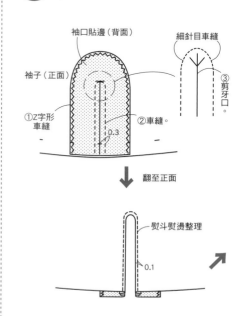

袖口貼邊(背面)
細針目車縫
袖子(正面)
①Z字形車縫
②車縫。
0.3
③剪牙口。

翻至正面

熨斗熨燙整理
0.1

▶▶▶接續P.71

Sewing Pattern Book
Shirt & Blouse
70

one point 袖口布製作方法

細蝴蝶結

袖口布改採四摺邊布，
包捲袖口滾邊。

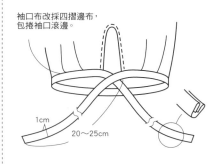

1cm
20～25cm

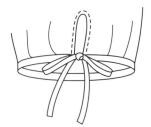

縫上釦子

無蝴蝶結，使用袖口布時

釦子　多1cm　釦環

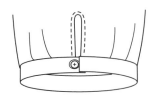

無開叉袖口時

無蝴蝶結
直接縫製
袖口布

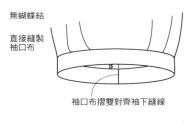

袖口布摺雙對齊袖下縫線

袖口布寬度改窄

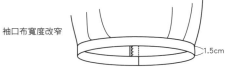

1.5cm

袖口布寬度改寬

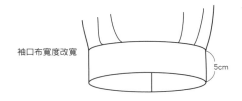

5cm

▶▶▶ 接P.70的製作流程

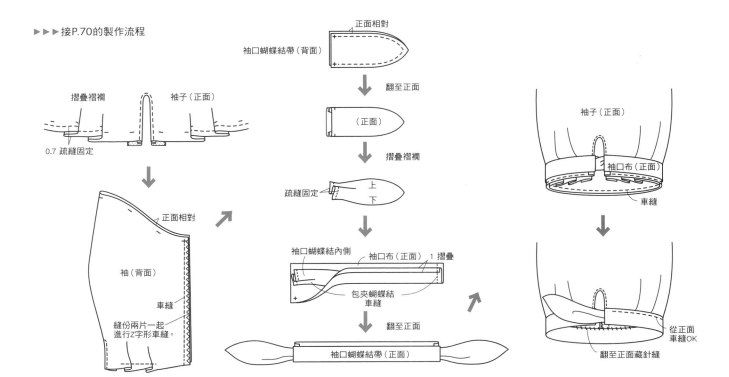

摺疊褶襉　　袖子（正面）

0.7 疏縫固定

正面相對

袖（背面）

車縫

縫份兩片一起
進行Z字形車縫。

正面相對
袖口蝴蝶結帶（背面）

翻至正面

（正面）

摺疊褶襉

疏縫固定　上　下

袖口蝴蝶結內側　袖口布（正面）　1 摺疊

包夾蝴蝶結
車縫

翻至正面

袖口蝴蝶結帶（正面）

袖子（正面）

袖口布（正面）

車縫

從正面
車縫OK

翻至正面藏針縫

袖口細褶

袖口有細褶設計的蓬蓬袖。
蓬鬆俏皮的可愛袖子,又稱燈籠袖。

Front	Side	Back

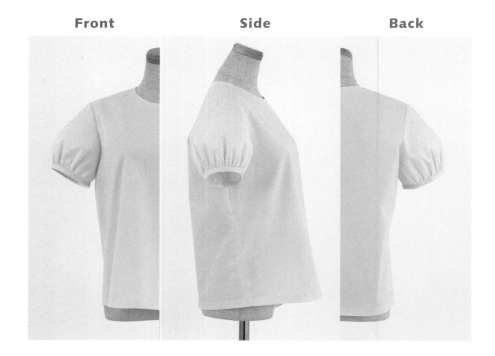

Pattern

※縫份皆為1cm。

【B】上衣 短袖 袖口細褶

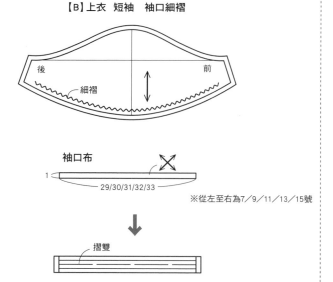

後　細褶　前

袖口布

1

29/30/31/32/33

※從左至右為7/9/11/13/15號

摺雙

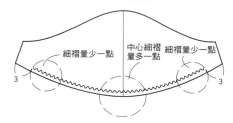

one point

袖口細褶製作方法

均等製作細褶也可以,
如果想看起來蓬鬆一點……
袖下3cm不要抽細褶。

細褶量少一點　中心細褶量多一點　細褶量少一點

3　　　　　　　3

依據布料各有不同

斜紋布

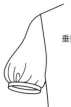

垂墜度高的布料

袖子款式變化・短袖
袖山・袖口細褶

袖子上下側有細褶設計。
比起P.72袖子細褶分量更多，較適合輕薄素材。

Front	Side	Back

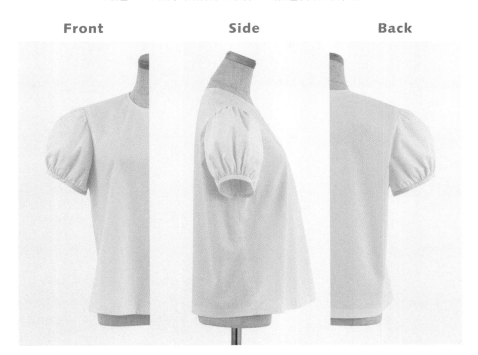

Pattern

【B】上衣　短袖　袖山・袖口細褶

※縫份皆為1cm。

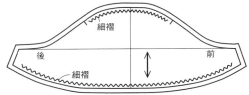

細褶
後　　　前
細褶

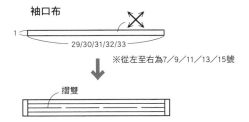

袖口布

1

29/30/31/32/33

※從左至右為7／9／11／13／15號

摺雙

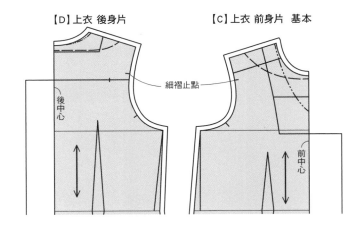

【D】上衣　後身片　　　　【C】上衣　前身片　基本

細褶止點

後中心　　前中心

袖口褶襉

袖口中間的褶襉設計，為了保持其漂亮的形狀，中途設有止縫點加以固定。
也可以改變褶襉方向試作不同變化。

Front	Side	Back

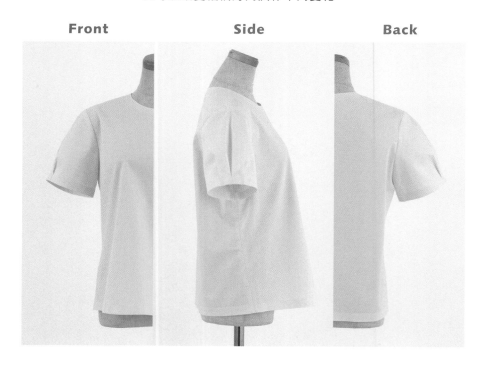

Pattern

※○中的數字為縫份。除指定處之外，縫份皆為1cm。

【B】上衣　短袖　袖口褶襉

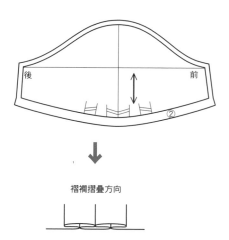

後　　　　　　前

②

褶襉摺疊方向

one point 袖口製作方法

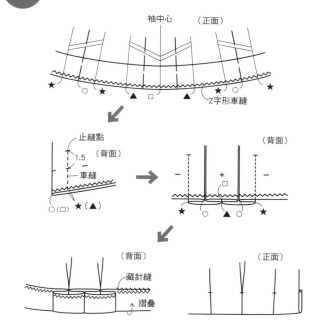

袖中心　　（正面）

★　　○　★　　▲　□　　▲　□

Z字形車縫

止縫點
1.5
（背面）
車縫

○（□）★（▲）

（背面）

—　　＋　□　　—

★　　▲　○　★

（背面）

藏針縫

摺疊

（正面）

袖子款式變化・短袖
袖山褶襇＋袖口布

袖子搭配袖口布的素雅設計款式。
袖山細褶改為褶襇造型。

Front	Side	Back

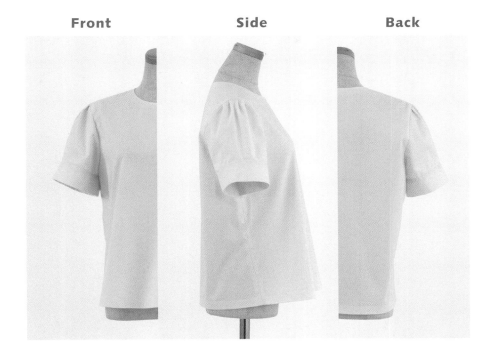

Pattern

※縫份皆為1cm。
※在▨▨▨的位置需貼上黏著襯。

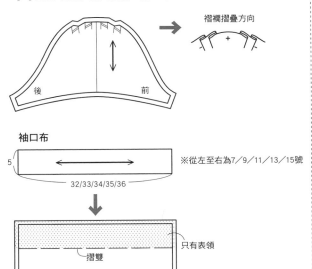

【B】上衣　短袖　袖山褶襇＋袖口布

褶襇摺疊方向

後　　　前

袖口布

5

32/33/34/35/36　　　※從左至右為7/9/11/13/15號

只有表領

摺雙

one point　袖口布製作方法

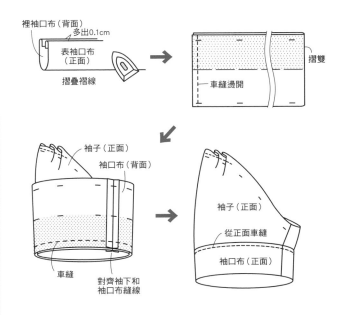

裡袖口布（背面）
多出0.1cm
表袖口布（正面）
摺疊褶線

車縫燙開

摺雙

袖子（正面）
袖口布（背面）

袖子（正面）
從正面車縫
袖口布（正面）

車縫
對齊袖下和
袖口布縫線

袖子款式變化
無袖

參考P.58基本身片，不會太寬的袖襱尺寸，剛好可以作為無袖款式。
其他身片也可以運用。

Front	Side	Back

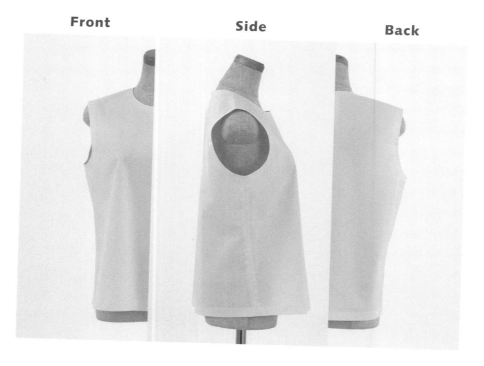

Pattern

※○中的數字為縫份。除指定處之外，縫份皆為1cm。
※在▨▨▨的位置需貼上黏著襯。

【D】上衣　後身片

【C】上衣　前身片　基本

後袖襱貼邊　　前袖襱貼邊

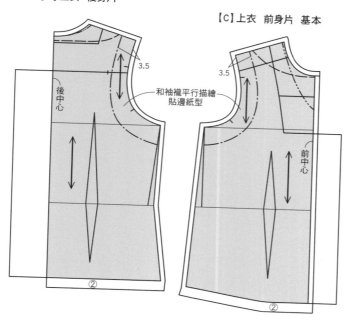

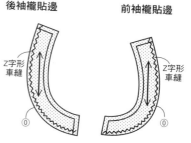

3.5

和袖襱平行描繪
貼邊紙型

3.5

後中心

前中心

Z字形車縫

Z字形車縫

②

②

⓪

⓪

袖子款式變化‧蓋袖
細褶

P.58基本款搭配細褶袖款式。
蓋袖比起一般短袖長度更短，稍稍可遮住肩膀輪廓。

Front　　　**Side**　　　**Back**

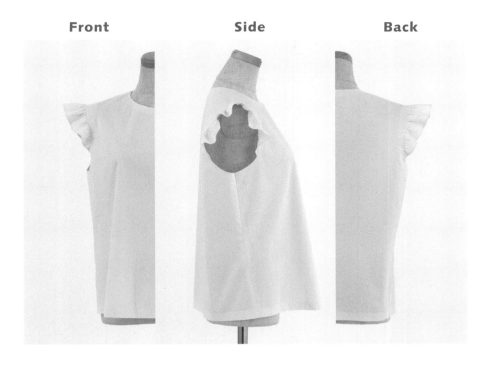

Pattern

※縫份皆為1cm。

【A】上衣　蓋袖　細褶

袖襴側
細褶　　前
後　　袖口

【D】上衣　後身片　　　【C】上衣　前身片　基本

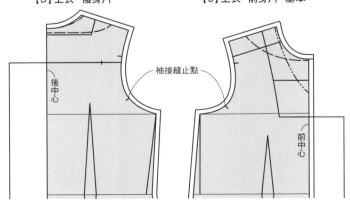

袖接縫止點

後中心

前中心

one point 袖子製作方法

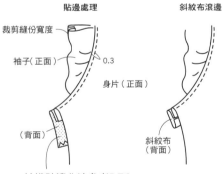

貼邊處理　　　　斜紋布滾邊

裁剪縫份寬度

袖子（正面）　　0.3
身片（正面）

（背面）　　　斜紋布
（背面）

▶袖襴貼邊作法參考P.76

袖子款式變化・蓋袖
傘狀荷葉

乍看很像肩線延長版的的袖子款式。採斜布紋製作，合身貼合肩膀。

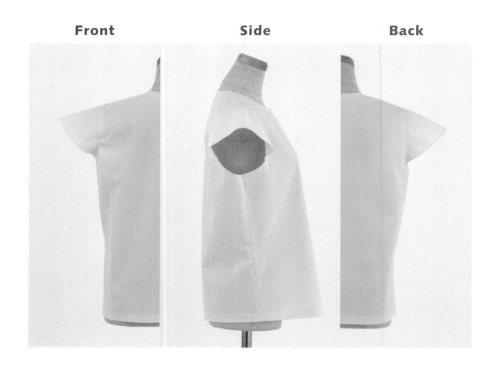

| Front | Side | Back |

Pattern

※縫份皆為1cm。

【A】上衣 蓋袖 傘狀荷葉

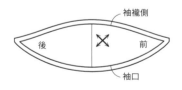

袖襬側

後　　　　前

袖口

【D】上衣 後身片

【C】上衣 前身片 基本

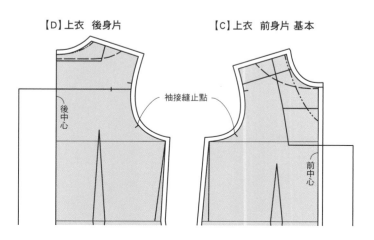

後中心

袖接縫止點

前中心

one point　袖口製作方法

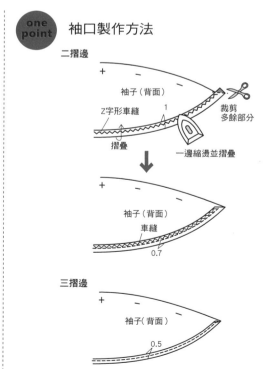

二摺邊

袖子（背面）

Z字形車縫　　　1

裁剪
多餘部分

摺疊

一邊縮燙並摺疊

袖子（背面）
車縫

0.7

三摺邊

袖子（背面）

0.5

袖子款式變化・蓋袖

褶襉

包覆肩膀的設計款式，可以修飾令人在意的臂膀線條，並有修飾效果。

Front   Side   Back

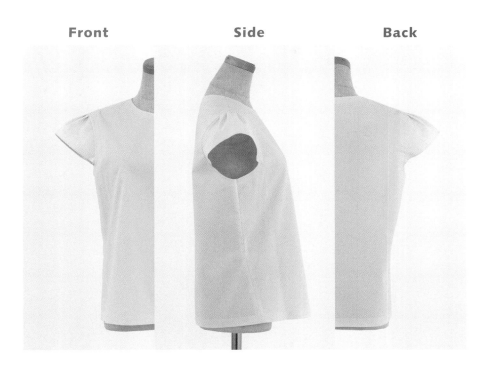

Pattern

※〇中的數字為縫份。除指定處之外，縫份皆為1cm。
※身片和P.78共同

【A】上衣 蓋袖 褶襉

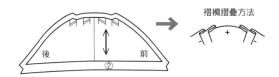

後　　前
②

褶襉摺疊方法

one point 袖子製作方法

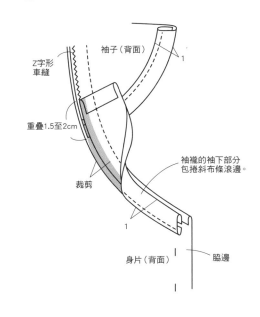

袖子（背面）
Z字形車縫
重疊1.5至2cm
裁剪
袖襬的袖下部分包捲斜布條滾邊。
身片（背面）
脇邊

圓領

基本領圍款式。搭配其他領子款式也可使用此紙型。
頸圍設計很合身,需要添加開叉樣式。

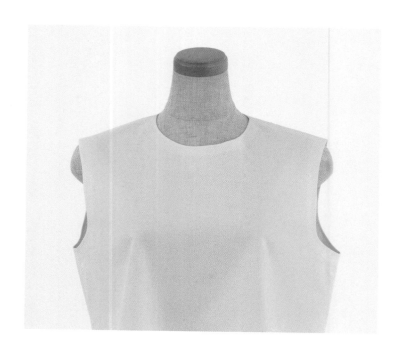

Pattern

※○中的數字為縫份,除指定處之外,縫份皆為1cm。
※在▨的位置需貼上黏著襯。

【D】上衣　後身片　　　　　【C】上衣　前身片　基本

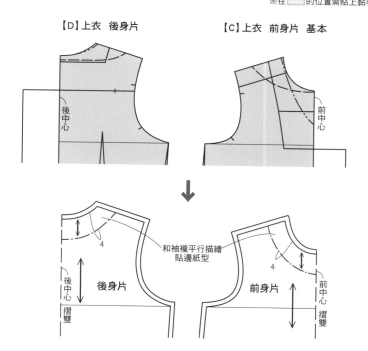

4

和袖襱平行描繪
貼邊紙型

後中心
摺雙

後身片

前身片

4

前中心

前中心
摺雙

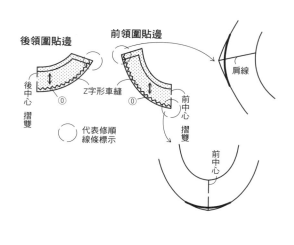

後領圍貼邊　　　前領圍貼邊

肩線

後中心
摺雙

⓪

Z字形車縫

⓪

前中心
摺雙

前中心

代表修順
線條標示

領圍款式變化
V領

P80基本款領圍變成V領款式。
肩領點比起基本款更寬一點。

Pattern

※○中的數字為縫份。除指定處之外,縫份皆為1cm。
※在▨▨▨的位置需貼上黏著襯。

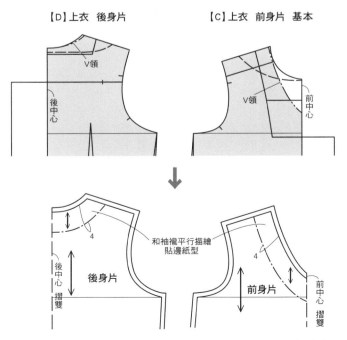

【D】上衣　後身片　　　　　【C】上衣　前身片　基本

V領

後中心

V領

前中心

4

和袖襱平行描繪
貼邊紙型

後身片

後中心
摺雙

前身片

前中心
摺雙

4

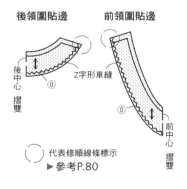

後領圍貼邊　　　前領圍貼邊

後中心
摺雙

Z字形車縫

前中心
摺雙

代表修順線條標示
▶參考P.80

領圍款式變化
船型領

兩側頸圍寬度寬一點，橫向長型領設計。
展現美麗的鎖骨線條。

Pattern

※○中的數字為縫份。除指定處之外，縫份皆為1cm。
※在▨▨的位置需貼上黏著襯。

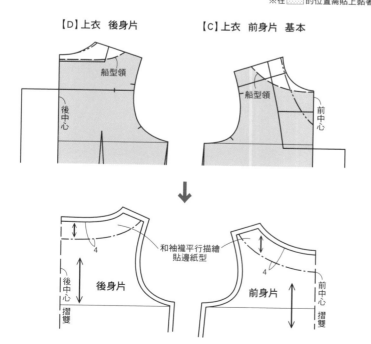

【D】上衣 後身片

船型領

後中心

4

後身片

後中心摺雙

【C】上衣 前身片 基本

船型領

前中心

和袖襱平行描繪
貼邊紙型

4

前身片

前中心摺雙

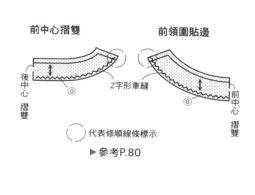

前中心摺雙

後中心摺雙

⓪

Z字形車縫

前領圍貼邊

⓪

前中心摺雙

◯ 代表修順線條標示

▶ 參考P.80

領圍款式變化
方形領

有如四角形般的方形領設計。
簡潔裁剪更突顯臉部清爽線條。

Pattern

※○中的數字為縫份。除指定處之外，縫份皆為1cm。
※在 ▨ 的位置需貼上黏著襯。

【D】上衣　後身片　　　【C】上衣　前身片　基本

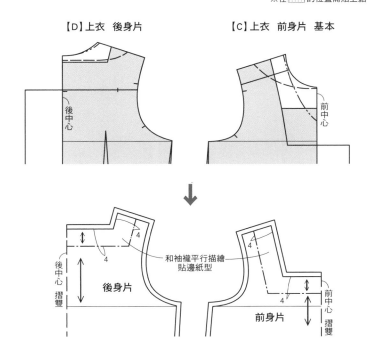

後身片　　　前身片

和袖襱平行描繪
貼邊紙型

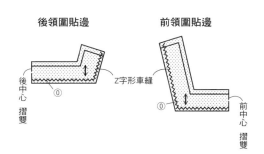

後領圍貼邊　　　前領圍貼邊

Z字形車縫

領片款式變化
圓領

身片比照P.56的圓領款式。
也可以變更領端形狀、領寬等。

Front   **Side**   **Back**

Pattern

※○中的數字為縫份。除指定處之外,縫份皆為1cm。
※在▨▨▨的位置需貼上黏著襯。

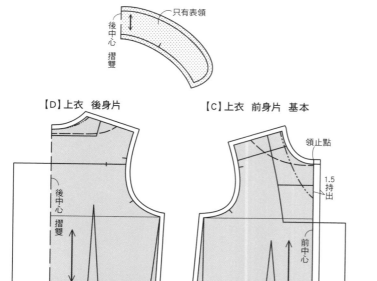

【C】上衣　圓領
只有表領
後中心
摺雙

【D】上衣　後身片
後中心
摺雙

【C】上衣　前身片　基本
領止點
1.5
持出
前中心

one point 領子製作方法

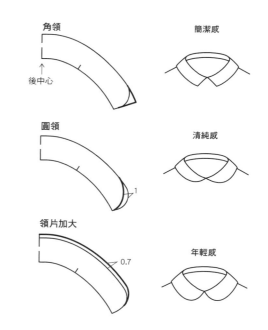

角領
後中心
簡潔感

圓領
1
清純感

領片加大
0.7
年輕感

領片款式變化
蝴蝶結領

以細長方形布塊接縫領圍，兩端綁成蝴蝶結。
可隨自己喜好設定蝴蝶結帶長度。

Front	Side	Back

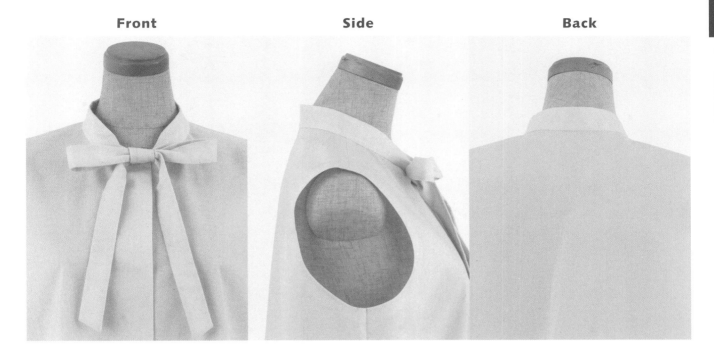

Pattern

※縫份皆為1cm。

後中心　摺雙　　蝴蝶結　　　　　　　　　　　　　　　　　1.5

2.8

★　　　▲
領止點　　　　　　　　　55/55/56/56/56

摺雙　　　　　　　　　　　　　　　　　　　　　　車縫後
　　　　　　　　　　　摺雙　　　　　　　　　　　裁剪

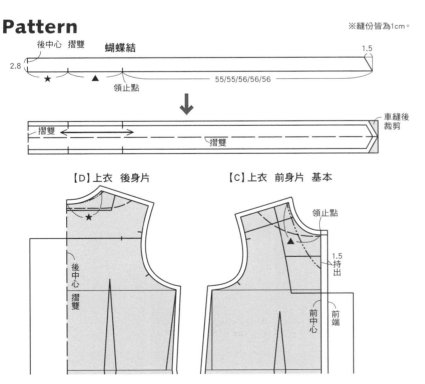

【D】上衣　後身片　　　　　【C】上衣　前身片　基本

★

後中心
摺雙

領止點

▲

1.5
持
出

前中心　前端

蝴蝶結領製作方法

one point

・領寬最適合的寬度為2.5至3cm。
・領型自由選擇。

角領

2.8

寬領

2.8　　　　　　　　4

　　　　　　　　　　5

　　　　20

細褶領

圓形邊端的細長布片抽拉細褶設計。
採斜布紋製作細褶會較顯輕盈柔軟。

Front	Side	Back

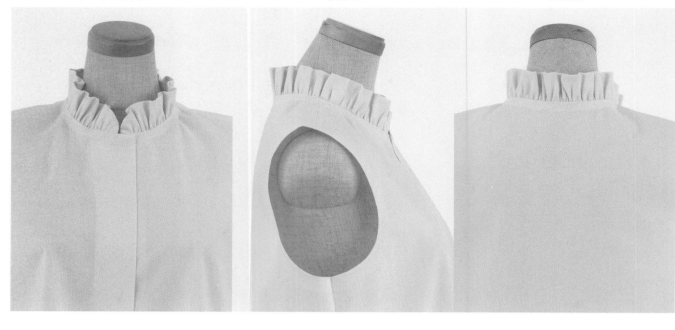

Pattern

※縫份皆為1cm。

【C】上衣 領 細褶

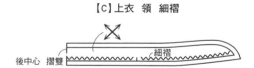

後中心　摺雙　　　　細褶

【D】上衣 後身　　　【C】上衣 前身片 基本

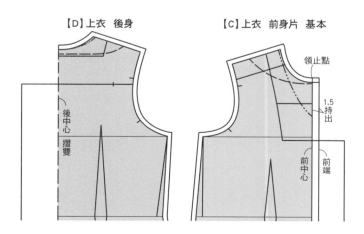

後中心 摺雙

領止點

1.5
持出

前中心　前端

---

one point　領布紋線

斜布紋

✕

柔軟荷葉邊

直布紋或橫布紋
↕　↔

較僵硬荷葉邊

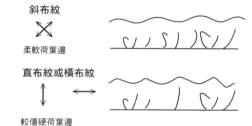

---

one point　2片縫製

2片縫製	單片縫製（1）	單片縫製（2）
沿著頸圍立起的領片設計，但如果選擇輕薄素材則無法作出此效果。	倒向外側。領子無法沿頸圍立起。	厚布料或不易綻布的素材。

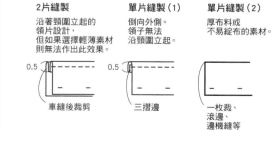

0.5　　　　　　0.5

車縫後裁剪　　　三摺邊　　　一枚裁、滾邊、邊機縫等

貼邊和布端處理方法

處理布邊的方法，有貼邊、斜布條、或搭配領子、袖口布車縫等。
這裡介紹的是不搭配領子、袖口布時的處理方法。還有前後片開叉時的貼邊處理方法。
但根據設計或縫紉方法改變，也會有所不同，請參考標示的尺寸加以調整。

無搭配配領子、袖口布時的設計

●貼邊縫製

使用貼邊縫製可以補強、並安定其形狀。
為了漂亮縫製表面看不出其縫線，貼邊側稍稍內縮車縫。

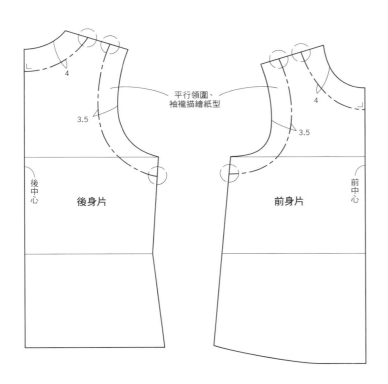

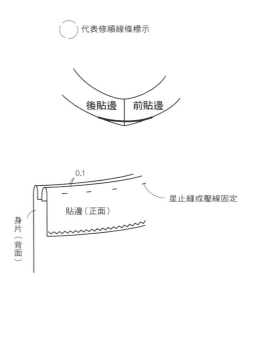

●斜布條滾邊縫製

表面看不見縫線	表面看得見縫線	曲線領圍整齊縫製的方法…
斜布條車縫布邊方法，翻至內側車縫固定。在意貼邊太透明時可以使用。 ※身片側需縫份。	斜布條滾邊包捲布邊方法。表面顯露的斜布條也可當作設計重點之一。 ※身片側不需縫份。	熨斗熨燙製作出曲線弧度較OK

下襬開叉製作

前開叉（後開叉）的貼邊製作，左邊貼邊延長至肩線為止。
右邊平行前中心描繪的貼邊和領圍貼邊，分為兩部分。
配合款式不同的車縫方法。
從前中心1.2至2cm的持出，代表固定釦子的重疊份。
※後身片相同製作方法。

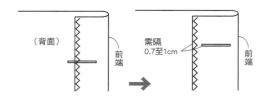

●關於貼邊寬度

貼邊寬度如果太狹窄，開釦眼時，釦眼邊端
會跑出貼邊範圍。請仔細考慮釦子和釦眼的
尺寸來決定寬度。

●貼邊和黏著襯

貼邊功能，幫助身片或袖子處理布邊縫製、
或補強使用。通常不會單獨使用，會搭配黏
著襯一起使用。不只是縫製布邊、還有固定
形狀、釦眼縫製、開叉等也須使用黏著襯輔
助。雖然有點麻煩，還請仔細黏貼。

關於開叉

身片或袖片開叉剪牙口的貼邊縫製方法。決定開叉的位置和長度後，以貼邊處理。罩衫式款式需確認頭圍寬度。

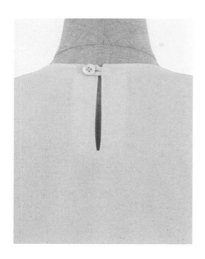

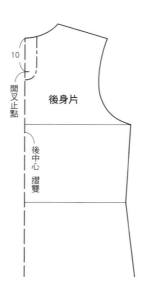

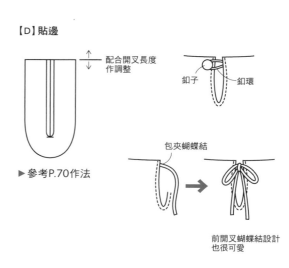

【D】貼邊

▶ 參考P.70作法

前開叉蝴蝶結設計
也很可愛

How to make

沒有指定的數字單位均為cm。

●

製作頁面記載的裁布圖最大尺寸為15號。
其他尺寸或不同寬度的布寬時，需要加以調整。
在布料上放置紙型，確認後再行裁剪。

●

印花布或需統一同一方向的素材，
請比指示的長度再多預備一些。

●

原寸紙型只有記載基準線。
請依需要自行描繪前端或貼邊。

●

裁布圖無附直線尺寸裁剪的紙型，
請直接在布料上描繪。

荷葉邊袖的船型領上衣…作品P.16

原寸紙型
前身片…【C】上衣 前身片 基本（船型領）
後身片…【D】上衣 後身片（船型領）
袖子…【D】上衣 七分袖（荷葉邊）

材料
Polyester100％軟歐根紗…110cm幅×155／160／170／170／170cm
黏著襯…40×70cm
釦子…直徑1cm×6個

完成尺寸
衣長…51／53.5／56.5／56.5／56.5cm
胸圍…92／96／100／105／110cm
袖長…38／40.5／43／43／43cm

※從左至右或從上至下為7／9／11／13／15號尺寸

車縫貼邊下襬

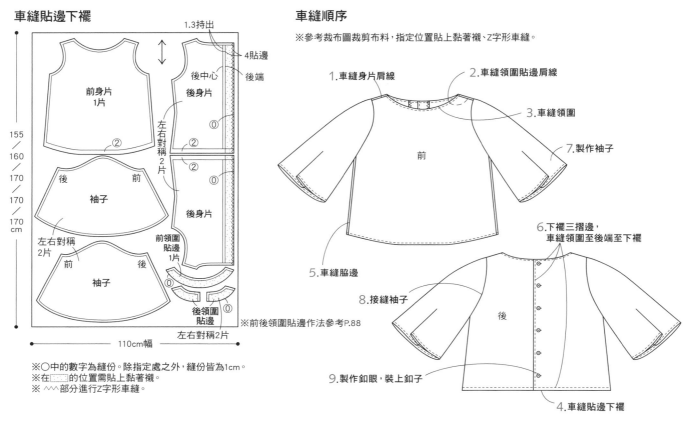

1.3持出
4貼邊
後中心
後端
前身片 1片
後身片
左右對稱 2片
155／160／170／170／170cm
後
前
袖子
左右對稱 2片
前 後
袖子
前領圍貼邊 1片
後領圍貼邊
左右對稱2片
110cm幅
②
⓪

※前後領圍貼邊作法參考P.88

※○中的數字為縫份。除指定處之外，縫份皆為1cm。
※在▨的位置需貼上黏著襯。
※ ∧∧∧部分進行Z字形車縫。

車縫順序

※參考裁布圖裁剪布料，指定位置貼上黏著襯、Z字形車縫。

1.車縫身片肩線
2.車縫領圍貼邊肩線
3.車縫領圍
7.製作袖子
前
6.下襬三摺邊，車縫領圍至後端至下襬
5.車縫脇邊
8.接縫袖子
後
9.製作釦眼，裝上釦子
4.車縫貼邊下襬

1.車縫身片肩線

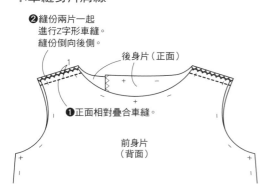

❷縫份兩片一起進行Z字形車縫。縫份倒向後側。

後身片（正面）

❶正面相對疊合車縫。

前身片（背面）

2.車縫領圍貼邊肩線

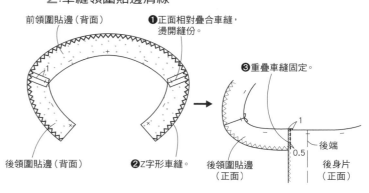

前領圍貼邊（背面）
❶正面相對疊合車縫，燙開縫份。
❸重疊車縫固定。
後領圍貼邊（背面）
❷Z字形車縫。
後領圍貼邊（正面）
後端
0.5
後身片（正面）

3.車縫領圍

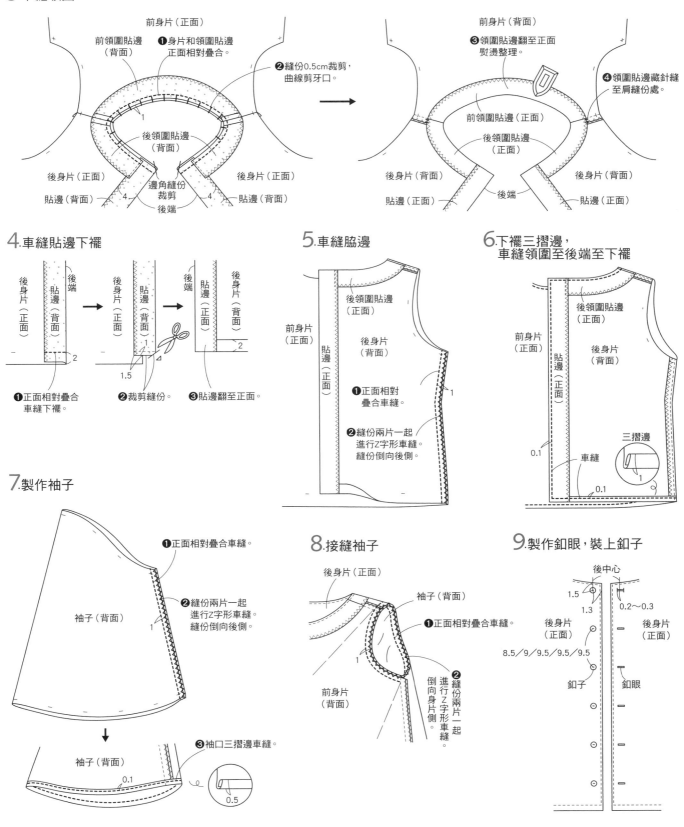

前身片（正面）

前領圍貼邊（背面）
❶身片和領圍貼邊正面相對疊合。
❷縫份0.5cm裁剪，曲線剪牙口。

後領圍貼邊（背面）

後身片（正面）
後身片（正面）
貼邊（背面）
貼邊（背面）
邊角縫份裁剪
後端

前身片（背面）
❸領圍貼邊翻至正面熨燙整理。
❹領圍貼邊藏針縫至肩縫份處。

前領圍貼邊（正面）
後領圍貼邊（正面）
後身片（背面）
後身片（背面）
貼邊（正面）
貼邊（正面）
後端

4.車縫貼邊下襬

後身片（正面）
貼邊（背面）
後端
❶正面相對疊合車縫下襬。

後身片（正面）
貼邊（背面）
後端
1.5
❷裁剪縫份。

後端
貼邊（正面）
後身片（背面）
❸貼邊翻至正面。

5.車縫脇邊

後領圍貼邊（正面）
前身片（正面）
貼邊（正面）
後身片（背面）
❶正面相對疊合車縫。
❷縫份兩片一起進行Z字形車縫。縫份倒向後側。

6.下襬三摺邊，車縫領圍至後端至下襬

後領圍貼邊（正面）
前身片（正面）
貼邊（正面）
後身片（背面）
0.1
三摺邊
車縫
0.1

7.製作袖子

袖子（背面）
❶正面相對疊合車縫。
❷縫份兩片一起進行Z字形車縫。縫份倒向後側。

袖子（背面）
0.1
❸袖口三摺邊車縫。
0.5

8.接縫袖子

後身片（正面）
袖子（背面）
前身片（背面）
❶正面相對疊合車縫。
❷縫份兩片一起進行Z字形車縫。倒向身片側。

9.製作釦眼，裝上釦子

後中心
1.5
1.3
0.2～0.3
後身片（正面）
後身片（正面）
8.5／9／9.5／9.5／9.5
釦子
釦眼

燈籠袖的圓領上衣 …作品P.17

原寸紙型
前身片…【C】上衣 前身片 基本
後身片…【D】上衣 後身片
袖子…【C】上衣 長袖 燈籠袖
後開叉貼邊…【D】貼邊

材料
80s Lawn…寬106cm×250／260／270／270／270cm
黏著襯…20×50cm
釦子…直徑1.2cm×1個

完成尺寸
衣長…52／54.5／57.5／57.5／57.5cm
胸圍…92／96／100／105／110cm
袖長…57.9／60.9／63.9／63.9／63.9cm

※從左至右或從上至下為7／9／11／13／15號尺寸

裁布圖

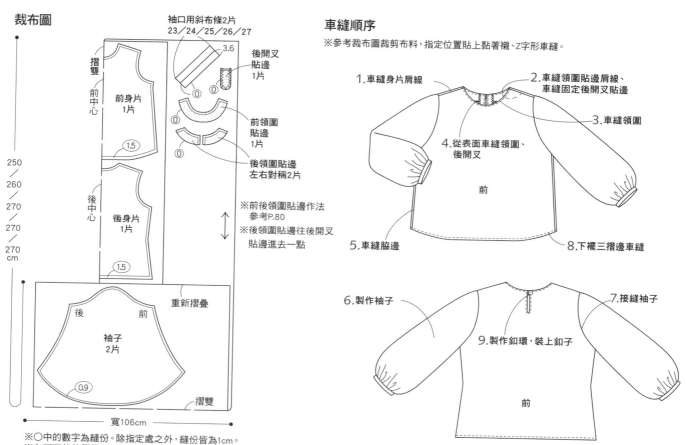

袖口用斜布條2片
23／24／25／26／27

3.6

後開叉貼邊 1片

摺雙
前中心
前身片 1片
1.5

前領圍貼邊 1片

後領圍貼邊 左右對稱2片

後中心
後身片 1片
1.5

※前後領圍貼邊作法參考P.80
※後領圍貼邊往後開叉貼邊進去一點

250／260／270／270／270 cm

重新摺疊
後 前
袖子 2片
0.9
摺雙

寬106cm

※○中的數字為縫份。除指定處之外，縫份皆為1cm。
※在▨的位置需上貼黏著襯。
※∧∧∧部分進行Z字形車縫。

車縫順序

※參考裁布圖裁剪布料，指定位置貼上黏著襯、Z字形車縫。

1.車縫身片肩線
2.車縫領圍貼邊肩線、車縫固定後開叉貼邊
3.車縫領圍
4.從表面車縫領圍、後開叉
前
5.車縫脇邊
8.下襬三摺邊車縫

6.製作袖子
7.接縫袖子
9.製作釦環，裝上釦子
前

1.車縫身片肩線

❷縫份兩片一起進行Z字形車縫。縫份倒向後側。
後身片（正面）
1
❶正面相對疊合車縫。
前身片（背面）

2.車縫領圍貼邊肩線、車縫固定後開叉貼邊

前領圍貼邊（背面）
❶正面相對疊合車縫、燙開縫份。
❸重疊車縫固定。
1
0.5
後領圍貼邊（背面）
❷Z字形車縫。
後領圍貼邊（正面）
後開叉貼邊（正面）

3.車縫領圍　4.從表面車縫領圍、後開叉

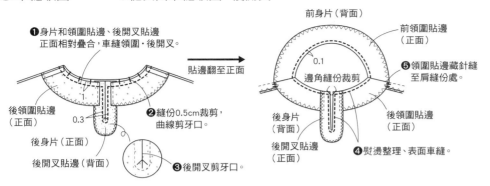

❶身片和領圍貼邊、後開叉貼邊
正面相對疊合，車縫領圍·後開叉。

後領圍貼邊
（正面）

後身片（正面）

後開叉貼邊（背面）

0.3

1

❷縫份0.5cm裁剪，
曲線剪牙口。

❸後開叉剪牙口。

貼邊翻至正面

前身片（背面）

前領圍貼邊
（正面）

0.1

邊角縫份裁剪

後身片
（背面）

後開叉貼邊
（正面）

後領圍貼邊
（正面）

❺領圍貼邊藏針縫
至肩縫份處。

❹熨燙整理、表面車縫。

5.車縫脇邊

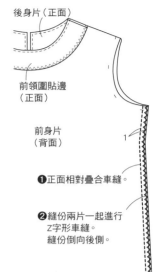

後身片（正面）

前領圍貼邊
（正面）

前身片
（背面）

1

❶正面相對疊合車縫。

❷縫份兩片一起進行
Z字形車縫。
縫份倒向後側。

6.製作袖子

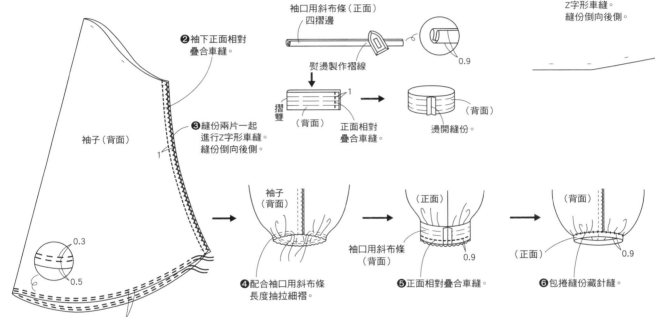

❷袖下正面相對
疊合車縫。

袖子（背面）

❸縫份兩片一起
進行Z字形車縫。
縫份倒向後側。

0.3

0.5

❶袖口粗針目車縫2條，製作細褶。

袖口用斜布條（正面）
四摺邊

熨燙製作褶線

摺雙

（背面）

1

正面相對
疊合車縫。

0.9

（背面）

燙開縫份。

袖子
（背面）

❹配合袖口用斜布條
長度抽拉細褶。

袖口用斜布條
（背面）

（正面）

0.9

❺正面相對疊合車縫。

（背面）

（正面）

0.9

❻包捲縫份藏針縫。

7.接縫袖子

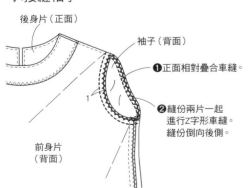

後身片（正面）

袖子（背面）

❶正面相對疊合車縫。

1

❷縫份兩片一起
進行Z字形車縫。
縫份倒向後側。

前身片
（背面）

8.下襬三摺邊車縫

前身片
（背面）

後身片
（背面）

下襬三摺邊車縫

0.1

0.7

0.8

9.製作釦環，裝上釦子

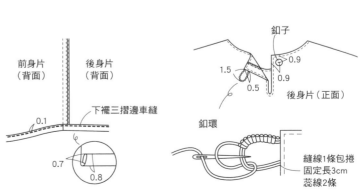

釦子

1.5

0.9

0.9

0.5

後身片（正面）

釦環

縫線1條包捲
固定長3cm
蕊線2條

以別布製作圓領襯衫…作品P.18

原寸紙型
前身片…【C】上衣 前身片 基本
後身片…【D】上衣 後身片
袖子…【D】上衣 長袖 袖山褶襉
領子…【C】上衣 圓領

材料
格紋布TAF-03BK（清原株式會社）…110cm幅
×190／200／205／210／215cm
別布：法蘭絨（羊毛）…50×25cm
黏著襯…40×70cm
鈕子…直徑1.8cm×5個

完成尺寸
衣長…52／54.5／57.5／57.5／57.5cm
胸圍…92／96／100／105／110cm
袖長…52／55／58／58／58cm

※從左至右或從上至下為7／9／11／13／15號尺寸

裁布圖

後身片 1片
後中心
(2.5)

裡領 1枚

前領圍
貼邊2片

後領圍
貼邊1片

重新摺疊

摺雙

袖子
2片
(2.5)

190／200／205／210／215cm

領止縫點
4 貼邊
2 持出
前中心
前身片
前端
左右對稱2片
(2.5)

前身片
(2.5)

※領圍貼邊作法參考P.88

寬110cm

別布
表領
1片
25cm
50cm

※〇中的數字為縫份。除指定處之外，縫份皆為1cm。
※在▨▨▨的位置需貼上黏著襯。
※ ∧∧∧部分進行Z字形車縫。

車縫順序
※參考裁布圖裁剪布料，指定位置貼上黏著襯、Z字形車縫。

2.車縫身片肩線
3.製作領子
4.車縫領圍貼邊肩線
5.接縫領子
9.製作袖子
10.接縫袖子
11.製作釦眼，裝上釦子
前
1.車縫尖褶
7.車縫脇邊
6.車縫貼邊下襬
8.下襬二摺邊，車縫領圍至前端至下襬

1.車縫尖褶

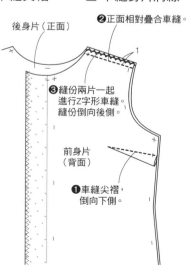

後身片（正面）
❷正面相對疊合車縫。
1
❸縫份兩片一起進行Z字形車縫。縫份倒向後側。
前身片（背面）
❶車縫尖褶，倒向下側。

2.車縫身片肩線

3.製作領子
※表領貼上黏著襯

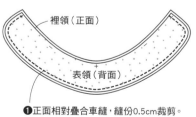

裡領（正面）
表領（背面）
❶正面相對疊合車縫，縫份0.5cm裁剪。

翻至正面

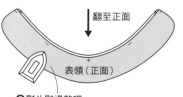

表領（正面）
❷熨斗熨燙整理。

Sewing Pattern Book
Shirt & Blouse

4.車縫領圍貼邊肩線

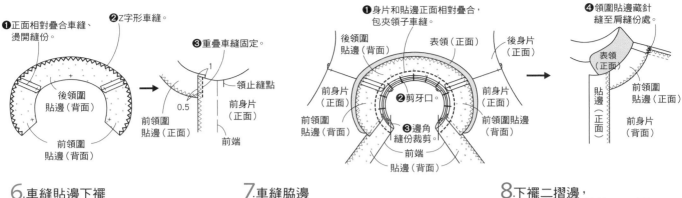

❶正面相對疊合車縫、燙開縫份。
❷Z字形車縫。
❸重疊車縫固定。

後領圍貼邊(背面)
前領圍貼邊(正面)
前領圍貼邊(背面)

領止縫點
前身片(正面)
前端
0.5
1

5.接縫領子

❶身片和貼邊正面相對疊合,包夾領子車縫。
❷剪牙口
❸邊角縫份裁剪。
❹領圍貼邊藏針縫至肩縫份處。

後領圍貼邊(背面)
表領(正面)
後身片(正面)
前身片(正面)
前領圍貼邊(背面)
前身片(正面)
前領圍貼邊(背面)
前端
貼邊(背面)

表領(正面)
貼邊(正面)
前領圍貼邊(正面)
前身片(背面)

6.車縫貼邊下襬

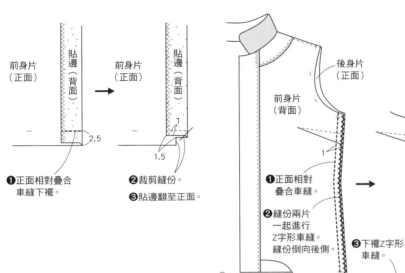

前身片(正面)
貼邊(背面)
前身片(正面)
貼邊(背面)
2.5
1.5
1

❶正面相對疊合車縫下襬。
❷裁剪縫份。
❸貼邊翻至正面。

7.車縫脇邊

後身片(正面)
前身片(背面)
1

❶正面相對疊合車縫。
❷縫份兩片一起進行Z字形車縫。縫份倒向後側。
❸下襬Z字形車縫。

8.下襬二摺邊,車縫領圍至前端至下襬

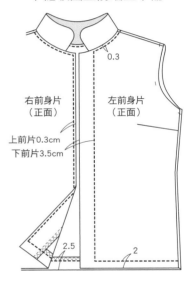

0.3
右前身片(正面)
左前身片(正面)
上前片0.3cm
下前片3.5cm
2.5
2

9.製作袖子

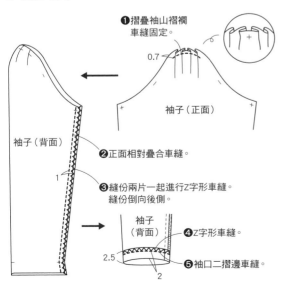

❶摺疊袖山褶襇車縫固定。
0.7
袖子(正面)
袖子(背面)
1

❷正面相對疊合車縫。
❸縫份兩片一起進行Z字形車縫。縫份倒向後側。
❹Z字形車縫。
❺袖口二摺邊車縫。
袖子(背面)
2.5
2

10.接縫袖子

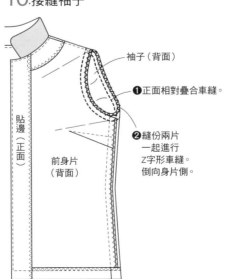

袖子(背面)
貼邊(正面)
前身片(背面)

❶正面相對疊合車縫。
❷縫份兩片一起進行Z字形車縫。倒向身片側。

11.製作釦眼,裝上釦子

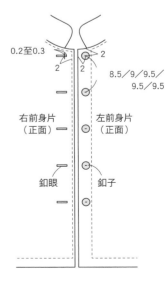

0.2至0.3
2
2
2
8.5／9／9.5／9.5／9.5
右前身片(正面)
左前身片(正面)
釦眼
釦子

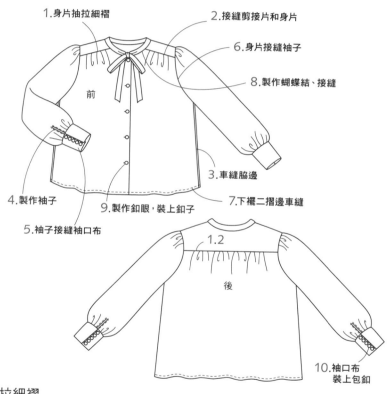

蝴蝶結領絲質沙典襯衫···作品P.19

原寸紙型
前身片···【C】上衣 前身片 剪接片＋細褶
後身片···【D】上衣 後身片
剪接片···【C】上衣 前身片 基本＋【D】襯衫 採取
後身片
袖子···【D】上衣 長袖 袖山・袖口細褶

材料
絲質沙典印花布···寬110cm×230／235／240／
240／240cm
黏著襯···25×60cm
包釦···直徑1.2cm×15個

完成尺寸
衣長···52／54.5／57.5／57.5／57.5cm
胸圍···122／126／130／135／140cm
袖長···55.5／58.5／61.5／61.5／61.5cm

※從左至右或從上至下為7／9／11／13／15號尺寸

裁布圖

わ
參考下圖
前端
前中心
前身片 2片
袖子 2片
蝴蝶結 1片
領圍尺寸＋
4 貼邊
1.3
持出
112
112
114
114
cm
230
235
240
240
240
cm
領止縫點
後身片 1片
8
★
袖口布 2片
7.6
＝
22／23／24／25／26

只有表側黏貼

剪接片 2片
5
1.8
2.5
釦環用布 10片
包釦用布 15片
袖口貼邊 2片

寬110cm

※○中的數字為縫份。除指定處之外，縫份皆為1cm。
※在▨的位置需貼上黏著襯。
※〰〰部分進行Z字形車縫。

蝴蝶結
7.6
56/56/57/57/57
領圍尺寸
（前領圍＋後領圍）
後中心摺雙

車縫順序
※參考裁布圖裁剪布料，指定位置貼上黏著襯、Z字形車縫。

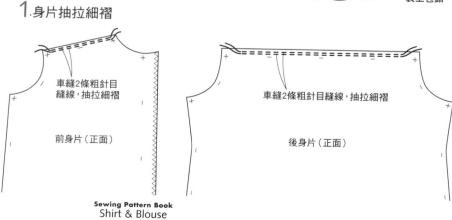

1.身片抽拉細褶
2.接縫剪接片和身片
6.身片接縫袖子
8.製作蝴蝶結、接縫
前
3.車縫脇邊
4.製作袖子
9.製作釦眼，裝上釦子
7.下襬二摺邊車縫
5.袖子接縫袖口布

1.2
後
10.袖口布裝上包釦

1.身片抽拉細褶

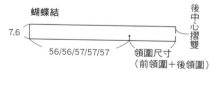

車縫2條粗針目縫線，抽拉細褶
前身片（正面）

車縫2條粗針目縫線，抽拉細褶
後身片（正面）

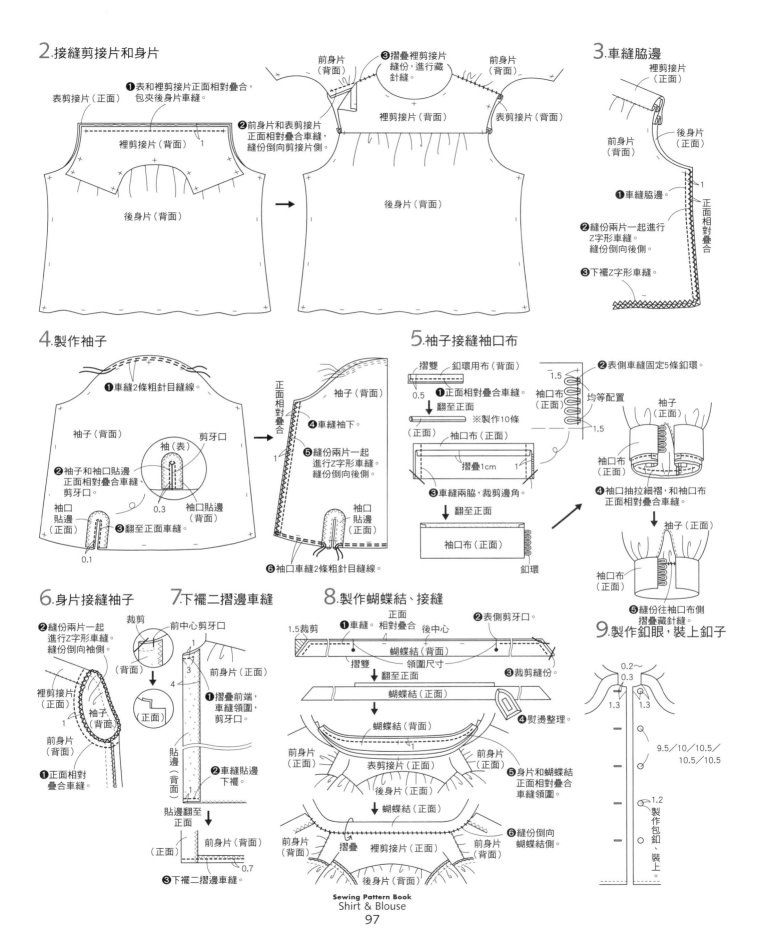

2.接縫剪接片和身片

❶表和裡剪接片正面相對疊合，包夾後身片車縫。

表剪接片（正面）

裡剪接片（背面）

❷前身片和表剪接片正面相對疊合車縫，縫份倒向剪接片側。

後身片（背面）

❸摺疊裡剪接片縫份，進行藏針縫。

前身片（背面）　前身片（背面）

裡剪接片（背面）

表剪接片（正面）

後身片（背面）

3.車縫脇邊

裡剪接片（正面）

後身片（正面）

前身片（背面）

正面相對疊合

❶車縫脇邊。

❷縫份兩片一起進行Z字形車縫。縫份倒向後側。

❸下襬Z字形車縫。

4.製作袖子

❶車縫2條粗針目縫線。

袖子（背面）

袖（表）

剪牙口

❷袖子和袖口貼邊正面相對疊合車縫，剪牙口。

袖口貼邊（正面）

❸翻至正面車縫。

0.3

0.1

袖口貼邊（背面）

正面相對疊合

袖子（背面）

❹車縫袖下。

❺縫份兩片一起進行Z字形車縫。縫份倒向後側。

袖口貼邊（正面）

❻袖口車縫2條粗針目縫線。

5.袖子接縫袖口布

摺雙　釦環用布（背面）

0.5

❶正面相對疊合車縫。

翻至正面

（正面）　※製作10條

袖口布（正面）

摺疊1cm

❸車縫兩脇，裁剪邊角。

翻至正面

袖口布（正面）

釦環

❷表側車縫固定5條釦環。

1.5

袖口布（正面）

均等配置

1.5

袖子（正面）

袖口布（正面）

❹袖口抽拉細褶，和袖口布正面相對疊合車縫。

袖子（正面）

袖口布（正面）

❺縫份往袖口布側摺疊藏針縫。

6.身片接縫袖子

❷縫份兩片一起進行Z字形車縫。縫份倒向袖側。

裡剪接片（正面）

袖子（背面）

前身片（背面）

❶正面相對疊合車縫。

7.下襬二摺邊車縫

裁剪

前中心剪牙口

（背面）

（正面）

前身片（正面）

❶摺疊前端，車縫領圍，剪牙口。

貼邊（背面）

❷車縫貼邊下襬。

貼邊翻至正面

前身片（背面）

（正面）

0.7

❸下襬二摺邊車縫。

8.製作蝴蝶結、接縫

1.5裁剪

摺雙

正面相對疊合

❶車縫。

蝴蝶結（背面）

後中心

領圍尺寸

❷表側剪牙口。

❸裁剪縫份。

翻至正面

蝴蝶結（正面）

❹熨燙整理。

蝴蝶結（背面）

前身片（正面）　前身片（正面）

表剪接片（正面）

後身片（正面）

蝴蝶結（正面）

❺身片和蝴蝶結正面相對疊合車縫領圍。

前身片（背面）　摺疊　裡剪接片（正面）　前身片（背面）

後身片（背面）

❻縫份倒向蝴蝶結側。

9.製作釦眼，裝上釦子

0.2～0.3

1.3　1.3

9.5／10／10.5／10.5／10.5

1.2

製作包釦、裝上

比翼式門襟基本款式襯衫 …作品P.20

原寸紙型
前身片…【A】襯衫 前身片
後身片…【A】襯衫 後身片
剪接片…【A】襯衫 前身片和【A】襯衫 從後身片
採取
袖子…【A】襯衫 袖
袖口布…【A】襯衫‧休閒式襯衫 袖口布
短冊‧持出…【A】短冊‧持出
上領…【A】領台式襯衫領－ 上領
領台…【A】領台式襯衫領－ 領台

材料
義大利製條紋棉質布…寬110cm×195／200／210／210／210cm
黏著襯…35×70cm
釦子…直徑1.1cm×7個

完成尺寸
衣長…62.5／65／68／68／68cm
胸圍…100／104／108／113／118cm
袖長…54／57／60／60／60cm

※從左至右或上側7／9／11／13／15號尺寸

裁布圖

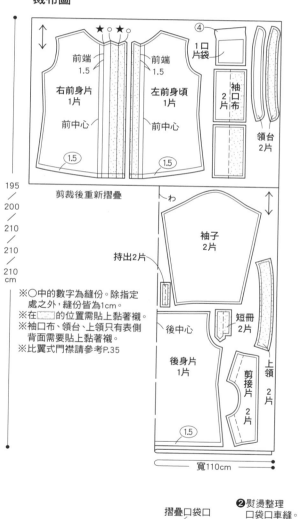

195／200／210／210／210 cm

寬110cm

※○中的數字為縫份。除指定處之外，縫份皆為1cm。
※在▨的位置需貼上黏著襯。
※袖口布、領台、上領只有表側背面需要貼上黏著襯。
※比翼式門襟請參考P.35

車縫順序

※參考裁布圖裁剪布料，指定位置貼上黏著襯。

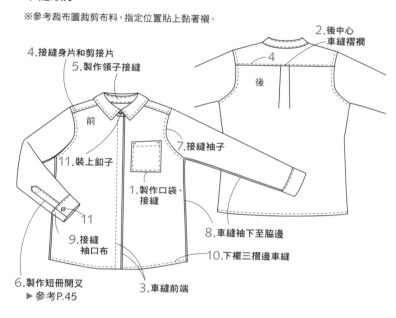

1.製作口袋、接縫

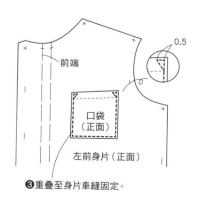

2.後中心車縫褶襴

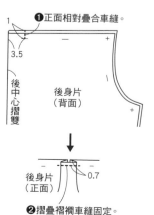

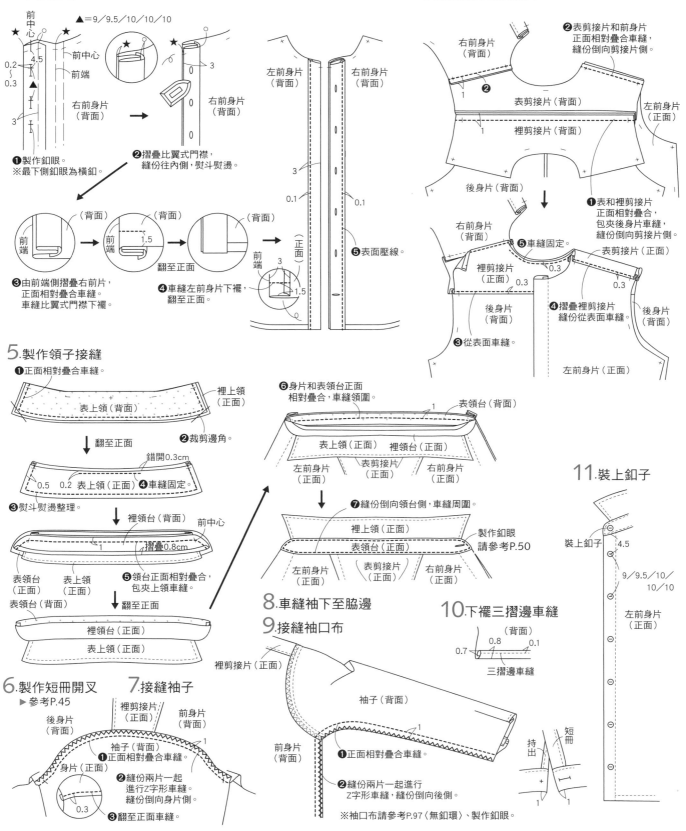

3.車縫前端

前中心

▲=9／9.5／10／10／10

0.2
0.3
4.5
前端
★
右前身片（背面）
3

❶製作釦眼。
※最下側釦眼為橫釦。

❷摺疊比翼式門襟，縫份往內側，熨斗熨燙。

（背面）前端
（背面）前端 1.5 翻至正面
（背面）
❸由前端側摺疊右前片，正面相對疊合車縫。車縫比翼式門襟下襬。

❹車縫左前身片下襬，翻至正面。

左前身片（背面）
右前身片（背面）
3
0.1
0.1
前端 正面 3 1.5

❺表面壓線。

4.接縫身片和剪接片

右前身片（背面）
1
❷
後身片（背面）

❷表剪接片和前身片正面相對疊合車縫，縫份倒向剪接片側。

表剪接片（背面）
裡剪接片（背面）
1
左前身片（正面）

❶表和裡剪接片正面相對疊合，包夾後身片車縫，縫份倒向剪接片側。

右前身片（背面）
裡剪接片（正面）0.3
後身片（背面）

❺車縫固定。
表剪接片（正面）
0.3

❹摺疊裡剪接片縫份從表面車縫。
後身片（背面）

❸從表面車縫。
左前身片（正面）

5.製作領子接縫

❶正面相對疊合車縫。
表上領（背面）
裡上領（正面）

❷裁剪邊角。
翻至正面

錯開0.3cm
0.5 0.2 表上領（正面）❹車縫固定。

❸熨斗熨燙整理。

裡領台（背面）
前中心
1 摺疊0.8cm

表領台（正面）
表上領（正面）
表領台（背面）

❺領台正面相對疊合，包夾上領車縫。
翻至正面

裡領台（正面）
表上領（正面）

❻身片和表領台正面相對疊合，車縫領圍。
表領台（背面）1
表上領（正面）裡領台（正面）
表剪接片（正面）
左前身片（正面）右前身片（正面）

❼縫份倒向領台側，車縫周圍。
裡上領（正面）
表領台（正面）
製作釦眼請參考P.50
左前身片（正面）表剪接片（正面）右前身片（正面）

6.製作短冊開叉
▶參考P.45

後身片（背面）
裡剪接片（正面）
前身片（背面）

7.接縫袖子

袖子（背面）
身片（正面）
1
❶正面相對疊合車縫。
❷縫份兩片一起進行Z字形車縫。縫份倒向身片側。
0.3
❸翻至正面車縫。

8.車縫袖下至脇邊
9.接縫袖口布

裡剪接片（正面）
袖子（背面）
1
前身片（背面）
❶正面相對疊合車縫。
❷縫份兩片一起進行Z字形車縫，縫份倒向後側。

※袖口布請參考P.97〈無釦環〉、製作釦眼。

10.下襬三摺邊車縫

（背面）
0.8 0.1
0.7
三摺邊車縫

11.裝上釦子

裝上釦子 4.5
9／9.5／10／10／10
左前身片（正面）

持出 短冊
1

Sewing 縫紉家 38

設計自己的襯衫＆上衣
基礎版型 × 細節設計的原創風格

作　　　者／野木陽子
譯　　　者／洪鈺惠
發　行　人／詹慶和
執行編輯／劉蕙寧
編　　　輯／蔡毓玲・黃璟安・陳姿伶・陳昕儀
封面設計／韓欣恬
美術編輯／陳麗娜・周盈汝
內頁排版／韓欣恬
出　版　者／雅書堂文化事業有限公司
發　行　者／雅書堂文化事業有限公司
郵撥帳號／18225950　郵政劃撥戶名：雅書堂文化事業有限公司
地　　　址／新北市板橋區板新路206號3樓
網　　　址／www.elegantbooks.com.tw
電子郵件／elegant.books@msa.hinet.net
電　　　話／(02)8952-4078
傳　　　真／(02)8952-4084

2020年06月初版一刷　定價 480 元

SHIRT & BLOUSE NO KIHON PATTERN SHU（NV70507）
Copyright © Yoko Nogi/ NIHON VOGUE-SHA 2018
All rights reserved.
Photographer: Noriaki Moriya
Original Japanese edition published in Japan by NIHON VOGUE Corp.
Traditional Chinese translation rights arranged with NIHON VOGUE Corp.
through Keio Cultural Enterprise Co., Ltd.
Traditional Chinese edition copyright © 2020 by Elegant Books Cultural
Enterprise Co., Ltd.

經銷／易可數位行銷股份有限公司
地址／新北市新店區寶橋路235巷6弄3號5樓
電話／(02)8911-0825　傳真／(02)8911-0801

國家圖書館出版品預行編目(CIP)資料

設計自己的襯衫＆上衣・基礎版型×細節設計的原創風格/
野木陽子著; 洪鈺惠譯.
-- 初版. – 新北市：雅書堂文化, 2020.06
　面；　　公分. -- (Sewing縫紉家; 38)
ISBN 978-986-302-546-7 (平裝)

1.服裝設計 2.襯衫

423.44　　　　　　　　　　　　　109008169

Profile | 野木陽子 ●Yoko Nogi

桑沢設計研究所禮服研究科畢業。
後來在NY的Maison School of Dressmaking and Design.lnc.攻
讀高級訂製服。現在除了主持成人縫製教室，也持續發表自己的成
人和小孩服裝系列。除了不斷推出特有的設計款式，也提倡簡單輕
鬆車縫方法。著有《初學者也能完全上手的拉鍊縫製》（日本文藝
社）、《舒適的兒童服飾》（日本ヴォーグ社）等書。

http://www.yokonogi.com

Staff

設計／寺山文惠
攝影／森谷則秋
原寸紙型＆縫製步驟／安藤能子
縫製步驟／株式会社ウエイド（手藝製作部）
原寸紙型尺寸／有限会社セリオ
編輯協力／吉田晶子
編輯擔當／荒木嘉美

素材提供・協力

・清原株式会社
　http://www.kiyohara.co.jp/store
・Clover株式會社
　http://www.clover.co.jp
・FUJIX株式会社
　http://www.fjx.co.jp/

版權所有・翻印必究

Sewing Pattern Book
Shirt & Blouse

Enjoy Your Sewing Life
Happy Sewing

SEWING縫紉家01

全圖解裁縫聖經

授權：BOUTIQUE-SHA

定價：1200元

21×26 cm·632頁·雙色

SEWING縫紉家02

手作服基礎班：
畫紙型＆裁布技巧book

作者：水野佳子

定價：350元

19×26 cm·96頁·彩色＋單色

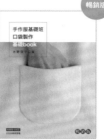

SEWING縫紉家03

手作服基礎班：
口袋製作基礎book

作者：水野佳子

定價：320元

19×26 cm·72頁·彩色＋單色

SEWING縫紉家04

手作服基礎班：
從零開始的縫紉技巧book

作者：水野佳子

定價：380元

19×26 cm·132頁·彩色＋單色

SEWING縫紉家05

手作達人縫紉筆記：
手作服這樣作就對了

作者：月居良子

定價：380元

19×26 cm·96頁·彩色＋單色

SEWING縫紉家07

Coser必看の
Cosplay手作服×道具製作術

授權：日本VOGUE社

定價：480元

21×29.7 cm·96頁·彩色＋單色

SEWING縫紉家12

Coser必看の
Cosplay手作服×道具製作術2：
華麗進階款

授權：日本VOGUE社

定價：550元

21×29.7 cm·106頁·彩色＋單色

SEWING縫紉家15

Cosplay超完美製衣術
COS服の基礎手作

授權：日本VOGUE社

定價：480元

21×29.7 cm·90頁·彩色＋單色

SEWING縫紉家16

自然風女子的日常手作衣著

作者：美濃羽まゆみ

定價：380元

21×26 cm·80頁·彩色

SEWING縫紉家17

無拉鍊設計的一日縫紉：
簡單有型的鬆緊帶褲＆裙

授權：BOUTIQUE-SHA

定價：350元

21×26 cm·80頁·彩色

SEWING縫紉家18

Coser的手作服華麗挑戰：
自己作的COS服×道具

授權：日本VOGUE社

定價：480元

21×29.7 cm·104頁·彩色＋單色

SEWING縫紉家19

專業裁縫師的紙型修正祕訣

作者：土屋郁子

定價：580元

21×26 cm·152頁·雙色

SEWING縫紉家20

自然簡約派的
大人女子手作服

作者：伊藤みちよ

定價：380元

21×26 cm·80頁·彩色＋單色

SEWING縫紉家21

在家自學
縫紉の基礎教科書

作者：伊藤みちよ

定價：450元

19×26 cm·112頁·彩色

SEWING縫紉家22

簡單穿就好看！
大人女子的生活感製衣書

作者：伊藤みちよ

定價：380元

21×26 cm·80頁·彩色

SEWING縫紉家23

自己縫製的大人時尚
29件簡約俐落手作服
作者：月居良子
定價：380元
21×26 cm・80頁・彩色＋單色

SEWING縫紉家24

素材美＆個性美
穿上就有型的亞麻感手作服
作者：大橋利枝子
定價：420元
19×26cm・96頁・彩色＋單色

SEWING縫紉家25

女子裁縫師的日常穿搭
授權：BOUTIQUE-SHA
定價：380元
19×26 cm・88頁・彩色＋單色

SEWING縫紉家26

Coser手作裁縫師
自己作Cosplay手作服＆配件
授權：日本VOGUE社
定價：480元
21×29.7 cm・90頁・彩色＋單色

SEWING縫紉家27

容易製作・嚴選經典
設計師の私房款手作服
作者：海外竜也
定價：420元
21×26 cm・96頁・彩色＋單色

SEWING縫紉家28

輕鬆學手作服設計課
4款版型作出16種變化
作者：香田あおい
定價：420元
19×26 cm・112頁・彩色＋單色

SEWING縫紉家29

量身訂作
有型有款的男子襯衫
作者：杉本善英
定價：420元
19×26 cm・88頁・彩色＋單色

SEWING縫紉家30

快樂裁縫我的百搭款手作服
一款紙型100%活用＆
365天穿不膩！
授權：BOUTIQUE-SHA
定價：420元
21×26 cm・80頁・彩色＋單色

SEWING縫紉家31

舒適自然的手作
設計師愛穿的大人感手作服
作者：小林紫織
定價：420元
19×26 cm・80頁・彩色＋單色

SEWING縫紉家32

布料嚴選
鎌倉SWANYの自然風手作服
授權：主婦與生活社
定價：420元
21×28.5 cm・88頁・彩色＋單色

SEWING縫紉家34

無拉鍊×輕鬆縫・鬆緊帶
設計的褲＆裙＆配件小物
作者：BOUTIQUE-SHA
定價：420元
21 × 26 cm・96頁・彩色＋單色

SEWING縫紉家35

25款經典設計隨你挑！
自己作絕對好穿搭的
手作裙襯衫
作者：BOUTIQUE-SHA
定價：420元
21 × 26 cm・96頁・彩色＋單色

縫製自己的
洗練時尚手作服

SEWING縫紉家33

今天就穿這一款！
May Me的百搭大人手作服
作者：伊藤みちよ
定價：420元
21 × 26 cm・88頁・彩色＋單色

本圖摘自《今天就穿這一款！May Me的百搭大人手作服》

Sewing Pattern Book

Shirt & Blouse